SKYLINE
天 际 线

望远 知新

豆子的历史

BEANS

A History

[美国] 肯·阿尔巴拉 ——著

范凡 ——译

译林出版社

图书在版编目（CIP）数据

豆子的历史 / （美） 肯·阿尔巴拉 （Ken Albala） 著 ； 范凡译. -- 南京 ： 译林出版社， 2025. 8. --（译林自然科普经典）. -- ISBN 978-7-5753-0801-4

Ⅰ. S52-49

中国国家版本馆CIP数据核字第2025JJ3225号

著作权合同登记号 图字：10-2018-586 号

豆子的历史 [美国] 肯 · 阿尔巴拉 / 著 范 凡/译

责任编辑 杨欣露
装帧设计 孙逸桐
校　　对 戴小娥
责任印制 董 虎

原文出版 Bloomsbury Publishing Plc, 2007
出版发行 译林出版社
地　　址 南京市湖南路 1 号 A 楼
邮　　箱 yilin@yilin.com
网　　址 www.yilin.com
市场热线 025-86633278
排　　版 南京展望文化发展有限公司
印　　刷 江苏凤凰新华印务集团有限公司
开　　本 880 毫米 ×1240 毫米 1/32
印　　张 10.5
插　　页 4
版　　次 2025 年 8 月第 1 版
印　　次 2025 年 8 月第 1 次印刷
书　　号 ISBN 978-7-5753-0801-4
定　　价 75.00 元

目 录

再版前言

十多年前，当我接手这个项目时，我确信，以单一食物为主题的历史研究已经开始，既然玉米和糖、橄榄和花生、香蕉和土豆的历史全都被写完了，那我就只能尽快抓住另一种食物展开研究。这种题材类型的热度始终没有出现减弱的迹象，美食作家和学者甚至比几年前更加认真地对待这一话题。更令人惊喜的是，这本书最终确实不仅仅只有一堆豆子。对我来说，它是我职业生涯的一个巅峰，因为这个项目让我获得了2008年国际烹饪专业协会颁发的简·格里森奖。当然，另一个巅峰就是这本书的再版。

毫无疑问，作者只有在图书出版之后才能找到最好的故事。在这里，我要分享一段值得重述的经历。本书刚上架时，美国著名品牌“布什”牌烘豆的工作人员正致力于开展一项宣传“豆类是蔬菜”的运动，并在田纳西州的大烟山召集了众多豆类专家来讨论他们的策略。这一切很有趣，大家都很高兴。其间，有人透露该公司正在推进一个秘密项目，他们只可以分享最简单的计划。据说，最热门的新研究涉及开发一种不会让人放屁的豆子，即“无屁豆”。尽管这个想法确实非常有趣，但我不确定如果他们进展顺利的话，会对其他所有豆子的声誉产生什么样的影响。不过，主要的困难不在植物学这一端，而在人类这一端：如何准确测量气体的输出量？该公司请了一组受试者，每个人都穿着一件和身高差不多的可膨胀“放屁服”，收集了一整天的屁，随后这些气体将被抽出来进行测量。在一个房间里，所有人都穿着膨胀的橙色“放屁服”跳来跳去，用他们自己制造的甲烷腌制自己，同时又一直被要求再多吃几勺豆子——这样的场景实在是令人难以想象，人们以研究的名义做出了牺牲。

在这次前往大烟山的短途旅行结束后不久，我有幸遇到一位绅士，他有另一种方法来解决这个古老的两难问题。伟大的古人类学家理查德·利基是这位绅士的父亲，他给自己的绅士儿子取名柯林·利基。我认为这就是命运的安排，柯林毕生的研究——一种改进过的能直接插入直肠的装置应该可以很好地解决这个问题，因为它能更准确地测出人类摄入豆类食物后所产生的气体数量。我从来没有弄清楚，身体里卡着仪表的受试者能否自由行走并处理日常事务，但如果是这样的话，“无屁豆”可能很快就会变成现实。

一个好消息是，联合国粮食及农业组织（FAO）宣布今年是“国际豆类年”，他们的宣传信息重申了我从历史资料中得出的许多结论，即从营养、可持续性和环境管理等方面来说，特别是从美食的角度来看，豆类是最有价值的食物来源之一。过去的人们都知道豆子是多么美味，但不知何故，世界各地的许多人都忽略了这一事实。豆子从来都不是人们事后才想到的配料或配菜；它们过去处于饮食的中心，未来也值得再次拥有这样的地位。也许当新的“无屁豆”出现在杂货店时，我们将能够克服吃豆子带来的社会耻辱，并再次接纳所有的豆科植物。

肯·阿尔巴拉
太平洋大学历史教授和食品研究主席（旧金山）
2016年

前言和致谢

当我第一次提出“豆子的历史”这一主题时，我一点也不怀疑自己将要面对什么样的困难。为了真正理解豆类，也为了更好地投入我的研究，我决定每天吃豆子，理想的情况是每顿饭都吃一种新的豆子，尽可能多尝试一些豆类品种。很快，我的橱柜里就堆满了各种各样的豆子，从微小的尖叶菜豆到硕大的希腊巨豆应有尽有。后来，我会定期去逛民族杂货店，关注印度人食用的各种形式的木豆，花费数小时去剥新鲜的蚕豆，还会在夜里疯狂地网购各种豆类食品。我会在早餐时吃腌制的羽扇豆，日本芥末豌豆是我的零食，黏稠的纳豆则被我用来吓唬孩子，几乎每天晚上我都会拿出满满一锅豆子当晚餐。除此之外，鹰嘴豆面饼、南印度的薄饼、非洲豆饼等食物我都试了个遍。我家的厨房台面上总会有一两碗浸泡中的豆子，仿佛带着禅意般的耐心。我坚持了一年才放弃。现在，我仍然每周都会尝试一种新的豆子，但我可以很欣慰地说，我的消化系统能很轻松地完成这个漫长的，甚至有些艰苦的实验。不管别人怎么说，对豆类及其胀气效果的耐受性都不会随着时间的推移而有所改变。我们的身体只是习惯了胀气的感觉。至少我可以说，我的身体充满活力（full of beans）。

事实证明，这个项目还遇到了其他挑战。起初，欧洲饮食文学中对豆子一边倒的偏见让我对这一主题产生了兴趣。这显然是阶层差异造成的对抗——在专家的眼中，只有乡下人和体力劳动者才有强大的胃来消化豆子。我想知道在其他时间，或是世界上的其他地方，是否也存在着类似的偏见。豆子总是被视为农民的食物吗？如果不是，那为什么会有这样的误解？我的研究覆盖了从史前时代到现代世界的每一个角落，融汇了一系列令人意想不到的学科，几乎每天都会发现一些新奇有趣的事情。豆子确实是一个丰富的话题。尽管这是一本仅仅以豆类食物为主题的图书，但不知怎的，我毫不畏惧这个项目的规模和深度，我决定参与其中。

读者很容易会发现，我在写到植物的拉丁学名时会出现一个莫名其妙的弱点，只是一些名字的发音就足以令我兴奋。甚至在我学习这门语言之前，我就记住了这些奇怪的术语。比如说番茄的学名*Lycopersicon esculentum*，意思就是可食用的狼桃。我在书里使用这些植物的拉丁学名并不是迂腐，而是因为无论哪种语言里的名字都能揭示历史和对待植物的态度。我得说明我对植物学并不是很了解，而且我也是一个相当平庸的园丁，但植物确实具有一种不可抗拒的魅力，正如我所发现的那样，豆科植物中的每一个物种都与众不同。因此，我决定将这本书写成各类豆子的传记，每一章都侧重于介绍一种或一组相关的豆子。

虽然这本书是为大众读者撰写的，但我使用过的每一条资料都列在了参考书目中，以弥补篇幅限制导致我无法提供注释的缺憾。那些能够接触到原始文献或希望阅读二次文献的读者应该很容易就能找到我使用的引文和它们的确切页码。您也可以发送电子邮件至kalbala@pacific.edu与我联系，我非常乐意将您引导到特定的源页面并回答任何问题。许多参考资料，特别是古老的烹饪书，您都可以使用任何一种搜索引擎轻松在网上查到。

这本书的完成也离不开我在写作过程中得到的巨大帮助。在书写豆子这样奇怪的话题时，人们的善良和慷慨总是让我惊喜不已。金克斯·斯坦尼克收集了来自弗吉尼亚州西部的故事，还为我挑选了黑白斑豆；琳达·贝尔佐克从亚利桑那州寄来了尖叶菜豆；玛丽·玛格丽特·帕克搜索了歌词；艾丽斯·麦克莱恩和我分享了佩兴斯·格雷在最后一座花园里种植的黑鹰嘴豆。芭芭拉·惠顿给我列出了古老的烹饪书与豆类食谱，并提供了其他宝贵的帮助；加里·艾伦澄清了关于汉尼拔·莱克特的说法；去年夏天，在我自己的旅行之前，珍妮特·赫然在托斯卡纳找到了佐尔菲诺豆；安迪·史密斯随时都能详细地回答我提出的任何问题；达雷尔·科尔蒂在萨克拉门托的商店发现了一些不知名的豆子；伯特·梅里特提供了乔治·吉辛描写兵豆的绝妙短文；在特雷西干豆节上，我与一些和蔼可亲的农民相谈甚欢，我当时买的几麻袋豆子至今还剩下几杯；马克·布鲁内尔让我明白了豆血红蛋白的神奇之处；肖恩·查韦斯借给我关于豇豆的笔记；卡拉·尼尔森制做了斯嘎皮的炸鹰嘴豆面饼圈。在斯托克顿认证农贸市场，以及小镇上我最喜欢的那家波德斯托杂货店里，我在不少商贩那儿买到了一些新鲜的蚕豆、鹰嘴豆和木豆。我无法想象，如果离开了羽扇豆，我们的生活会是什么样子。葛雷格·坎菲尔德和我一起对着梭罗的文字哈哈大笑；瑞秋·劳丹带领我走上了研究中世纪豆类消费的迷人之路；杰夫·查尔斯寄给我一本关于20世纪初可怕棉豆的烹饪书。我的老朋友，来自大陆另一端的拉丁裔梅尔·托马斯帮我避免了翻译瓦莱里亚诺关于豆子的诗句中的错误；玛丽·冈德森提供了关于刘易斯和克拉克的细节；保罗·B. 汤姆森在会议后通过电子邮件把他的一本书发给了我；亚当·巴利克与我分享了神奇的卡林豌豆；约翰·莱茨让我看到马丁·弗罗比舍在巴芬岛留下的一些东西；还有很多人通过电子邮件给我提供了一些想法和意见，特别感谢ASFS清单上的朋友，他们在几个星期内发来了一系列的豆类参考资料。

我还要感谢我的学院，也是加利福尼亚州的第一所高等教育机构太平洋大学，感谢学校为我几次前往欧洲的研究和会议旅行提供了资助，所有这些帮助都促成了这本书的出版，所有这些努力都可以说是伟大的饮食冒险。我也很感谢我能够拥有休假来写这本书，感谢历史系的同事，作为我的好朋友，他们始终陪在我的身边。感谢雷德克里夫施莱辛格图书馆里的那些好心人，在那里，我开始了本书的研究工作。此外，还要感谢国际烹饪专业协会的慈善合作伙伴——烹饪信托基金会给予我“琳达·鲁索资助”项目，让我得以在密歇根大学图书馆进行最后阶段的研究。特别感谢我在那里遇到的所有优秀的人——菲尔、芭芭拉、奥萨纳、瓦莱丽、劳拉、唐，尤其是简·朗贡，感谢他从家里给我带来的文献资料。

感谢贝尔格的同事们，包括凯瑟琳·厄尔、凯瑟琳·梅、艾米丽·麦德卡夫、汉娜·莎士比亚、肯·布鲁斯等人，与他们一起工作非常愉快。此外，还要感谢那些我从未见过的人，例如朱琳·诺克斯，他以惊人的效率和沉着的方式编辑了我的手稿。

所有史诗都必须从适当沉默的祈祷开始，我将拜访风之神埃俄罗斯，让我在冒险中大放光彩。

> 我吟唱豆子和豌豆，早期来自亚洲，
> 从美国的命运，到地球的所有海岸，它们来了……

关于食谱的注释

本书虽然书写的是历史，但它确实也收录了许多历史悠久的豆类食谱，这些食谱都保留了原始的措辞和格式。我并没有更新这些食谱，部分原因在于它们是历史文献，但也是因为豆类烹饪本质上不适合精确的用量和过于具体的操作说明。没有准确的方法能衡量煮一颗豆子到底要多长时间。适用于已经干透的老豆子的准则，对于最近收获的豆子来说就不适用，因为它不用浸泡就能烹饪，而且烹饪时间只有书中推荐的一半。较大的豆子通常比较小的豆子需要更长的时间，有时长达一个半小时，但也并非总是如此。因此，我建议让您的感官成为您的指导，一边品尝一边烹饪。浸泡过夜是一个很好的选择。虽然这么做会在色泽和口感上打些折扣，但也能让人吃了以后肚子更加舒服。快速处理的方法是把豆子放在沸水中浸泡，大约需要一个小时，但似乎比冷水浸泡过夜需要消耗更多的能量。如果想要更好地保持豆子的形状，那就选择浸泡后小火慢炖。总的来说，我发现煮干豆子的时间越长、越慢，煮出来的味道就越好。烘豆，普通豆子中的典型代表，它至少需要烹饪六个小时。唯一的规则是在豆子变软之前不要加入盐或酸性成分，尽管在某些食谱中也忽略了这一点。有些人习惯在烹饪豆子时添加小苏打，因为碱会使豆子变得更软且更容易消化。事实上，这是一种非常古老的做法。但这种方法显然会破坏一些营养素，所以为了健康，最好不要这样做。显而易见，那些使用硬水的人才可能需要用碱来“软化”它。

有些食谱还提示你首先挑出碎豆子和小石子，但我从来没有见过这样的豆子。还有的食谱建议在刚煮沸的最初几分钟内撇去水面的浮沫。我不知道除了保持烹饪液体的清澈外还有什么意义，就像做高汤一样。如果你愿意，也可以这样做，但我没发现做豆子时有这样的必要。一些作者建议不要在烹饪豆子的过程中添加冷水，因为这可能会使种皮变硬，我已经有过几次教训了。还有个荒诞的说法认为将软木放入一罐豆子里会让它们变软。另一个奇怪的方法是，如果你不想通过品尝来确定豆子是否变软，可以试着从锅中取出一颗豆子并用嘴吹它，种皮会以一种奇怪的神奇方式与豆子分开。如果只是为了好玩可以尝试一下。我可以毫不含糊地同意的一件事是，如果你碰巧把锅底的豆子烧焦了，它们或许会被扔掉，但有趣的是，在中世纪，人们有足够的技巧来去除烧焦的味道。

大多会烹饪豆子的文化中也推荐使用一些特殊的调味料

来减轻豆子造成的气体效应。在墨西哥是用土荆芥，类似于牛至，但具有诱人的特殊香气。在印度，人们会添加一种香气浓郁、名为阿魏（臭干草）的树脂，虽然它在烹饪中确实变得很醇厚，但在储存时仍然会使整个厨房充满味道。德国人则使用风轮菜（香薄荷）来排出肠胃气体。在中东地区，人们选择的香料是孜然，虽然味道非常令人愉快，但对我来说，吃完后腋下会带有含糊不清的强烈气味。大蒜和豆子算是欧洲文化的典型组合。在日本，他们使用海带，这种巨大的海藻拥有独特的迷人海洋气味。为什么这么多不同的文化在烹饪豆子时都会用到带有气味的调料？唯一经过科学证实能治疗肠胃胀气的化学商品名叫“必诺”，是一种小塑料瓶滴剂。我想说的是，所有其他的豆子都有更大的历史声望，所以试试吧。无论它们是在化学上、心理上有效还是根本不起作用，我都不敢猜测。

正如前面提到的，这本书中的历史食谱都是原版，没有做任何改动。作为一名历史学家，我的内心不能容忍这种渎职行为，那样做不利于了解过去。除非另有说明，否则都是我自己完成了原文的翻译，并且尽可能采用了直译。（所有未写明出处的食谱也是我自己创作的。）罐装或冷冻豆子不是这些配方中的选项，原因很简单——用罐装或冷冻豆子做出来的味道通常会很不一样。但是，如果你想要真正来自20世纪的风味，无论如何，请随意使用这些食谱。我做到了。

您还会注意到，我自己的食谱没有遵循现代格式的标准，写明配料列表、精确用量或烹饪时间，而是按照人们过去实际煮豆子的方式来撰写的。他们没有假装烹饪是一门科学，我也看不出有什么理由这样做。我承认，我测试这些食谱的结果并非完全一致，但如果我要求用量精确，结果也不会相同。每个人的锅和口味都不一样。我们现代的食谱格式只能追溯到20世纪初。在此之前，我们可以追溯到16世纪的测量结果，但并不一样。我知道的第一位坚持严格测量的烹饪书作者是亚历山大·亨特，这位内科医生抱怨在1810年出版的《现代烹饪指南》中，大多数配方未能给出量度，他认为“可能会在未来的烹饪历史学家的头脑中证明许多疑问的来源”。尽管存在疑问，大多数人在厨房里都没有给他们的烹饪测量或计时，直至今天也不需要这样做。

如果您想要一整罐豆子还能有剩余，可以制作三杯干豆。与大多数食物不同的是，它们只会随着再加热程度的增加而变多。如果您想要一份或两份，可以只煮一杯豆子，因为煮熟后的体积大约是原来的三倍，这取决于豆子的种类。如果您喜欢大量调味料，那就多加些；如果您喜欢糊状的豆子，可以用大火来煮。这与传统的烹饪智慧背道而驰，传统的烹饪智慧坚持认为，人们只有在获得严格命令时才能学会烹饪。我不这么认为。指令越少，读者就越需要根据自己的喜好做出相应的决定，这样他们就能更好地了解哪些是有用的，哪些是不可行的。这里的食谱需要读者熟悉基本的烹饪程序，但好在大多数都非常简单，成果也非常令人满意，都被我吃掉了。

正如美国最畅销的烘豆品牌之一的代言人杰伊·布什在广告中说的 :“美丽的豆子滚来了。”

第一章　引言

这个世界不过是一座豆子山。地球上几乎每一个地方都有自己的本土物种，几乎每一种文化都依赖豆类。对于许多人来说，豆类改变了生与死之间的关系。如果能彻底干燥并得到妥善储存，豆类几乎做到了坚不可摧，因此可以在饥荒和物质匮乏时期提供关键保障。它们也是最简单的植物之一。豆类的种植对人类文明的发展至关重要：它们提供了蛋白质，充当了牲口的饲料，提高了土壤中的氮含量。尽管每一个发达的农业社会都有自己的淀粉类主食，比如中东和欧洲的小麦、亚洲的大米、美洲的玉米，但豆类也许是他们共同的食物，对所有人来说都不可或缺。由于豆类分布广泛，所以它们是极少数可以在不同时空背景下进行分析和比较的几种食物之一。在整个人类历史中，它们也是为数不多频繁在各个大陆之间来回进行交易和引种的食物，以至于如今除了植物学家以外，几乎没有人能够保持所有物种的纯正。本书的一个主要目标就是整理豆类的家谱。

所有的豆科植物都具有豆荚，这是它们在植物王国里的显著特征；但在形态和功能上，豆类食物之间却大相径庭。它们有些要脱水或煮熟食用，有些在新鲜或未成熟的情况下就可以吃，有些豆子被磨成粉末，有些加工制成的食品只能让人隐约想起它们也是豆科植物的产物，比如豆浆、豆腐或植物油，有些豆子甚至可以被用作香料或调味品。豆科植物中还包括不少精致漂亮的物种，以及部分植株巨大，甚至是有毒的物种。总而言之，豆科植物涵盖了地球上最迷人、最具经济价值的一些植物。

然而，并不是每个人都能满怀热情地接受豆类，而且它们常常深受来自社会和种族偏见的影响。与其他所有食物相比，豆类食物与贫困的联系更为密切。这其中的经济原因很容易理解。不论在哪种文化中，只要人们能够从动物中获得蛋白质，豆类就会被斥为只适合农民吃的食物。的确，豆类可以说是一种廉价且经济有效的满足营养需求的方式，因此，在人口密度较高、牧场面积较小的地区，人们的饮食会更加依赖豆类。在许多地方，特别是在中国和印度，豆子至今仍在人们的饮食中占据着核心地位。但在欧洲和所谓的发达国家，只有那些买不起肉的人才会吃豆制品。因此，豆类成了阶级的标志，是典型的农民食物，换句话说就是“穷人的肉”。16世纪中期，诗人托马斯·怀亚特在描述住在潮湿洞穴里的乡下老鼠时，巧妙地唤起了人们对乡村贫困的印象：

她必须躺在又冷又湿的悲惨困境中；
更糟糕的是，光秃秃的肉还留在那里。
当她的房子装修好时，安慰她的——
有时是大麦，有时是玉米，有时是豆子，
为此，她昼夜劳碌。

豆子也与特定的民族有着密切的联系，在大规模移民的过程中尤其如此。外国人和他们的饮食习惯一直被主流文化视为危险和威胁，因此吃豆子经常被认为是这种差异最明显的标志也就不足为奇了。正如法国人被称为青蛙、德国人被称为德国佬、英国人被称为烤牛肉一样，墨西哥人也遇到了种族排斥，他们被称为吃豆子的人，或者简称“食豆佬”。但对豆类的污名也可能适得其反。也就是说，一旦一个群体本身将豆子视为其身份的一个不可磨灭的特征，那么这种豆子的价值就会被重新规定。吃豆子，特别是吃以传统方法做的豆子，可以成为一种重新与自己的民族根源建立联系的方式，或是一种表达集体团结和自豪感的方式。与此类似，豇豆也是“灵魂料理”的核心，曾经一度受到鄙视，被认为是奴隶吃的廉价食品，但后来这一食物成了美国非洲裔烹饪传统中独特而令人自豪的一部分。

某些菜肴也被全体国民有意识地视为民族身份的象征，其中就经常包括用豆子制作的食物，比如埃及的苏丹炖豆和巴西的黑豆餐；这两种食物不仅具有代表性，也是民粹主义的象征——在历史上，它们被大众广泛食用。建构这样的民族认同符号，不仅是促进民族凝聚力的一种方式，也是实现排他性的手段。对于巴勒斯坦人和以色列人来说，关于谁可以合法地宣称拥有法拉费（炸鹰嘴豆丸子）的争论表明，像食物这样简单的东西也可以被赋予深刻的政治情感。它们不再仅仅是属于农民的低级食物，还是一个事关民族自豪感的问题。

在一定的历史条件下，豆子的社会内涵也可以逆转。当人们想要与穷人或工人阶级团结一致时，吃豆子可以被解释为一种从字面上和身体上克服天生偏见的方式。这也许可以部分解释为什么波士顿人如此奇怪地痴迷于烘豆，甚至在富裕的婆罗门阶层中也是如此。吃低贱的食物就是对下层阶级的同情，像豆子这样简单却丰盛的食物似乎可以消除经济上的界限，否则人与人之间就会产生隔阂。如果你能分享一个人的食物，你必须真正了解他，或者至少不要因为有着共同的饮食习惯而心怀对污染的恐惧。因此，对吃豆子的态度就体现了对穷人的态度，起码体现了人们理解他们的困境。对农民食物的浪漫主义消费实际上也可能是精英主义的一种伪装形式。托斯卡纳人称自己为mangiafagioli，也就是“食豆族”，这似乎让人想起了他们朴素的口味和农民出身。但是，一些历史悠久的豆子品种呢，例如佐尔菲诺豆（zolfino），如今却被卖出了天价，只因为渴望获得纯粹美食体验的食客热情追捧这一食材。对于这一现象，人们又该怎么理解呢？现代美食作家所谓的“古早味道”是一种美学，实际上可能会导致人们忽视贫困的社会现实。

有时，豆子可能是一个虔诚的怀旧对象，也可能是对一个人的根基和故乡的提醒。在后殖民时代，它也可以是一种与众不同的展现异国情调的方式，往往会被富有进取精神的零售商用来作为新品。和几十年前鹰嘴豆泥突然风靡一样，轻度盐腌、煮熟的绿色大豆（日本毛豆）的迅速崛起和流行就是一个例子。鉴于全球化的进程，我们完全可以期待更多新奇的豆子产品出现在货架上。

除了豆子与社会、种族和民族的联系之外，这本书还将从哲学和宗教的角度探讨人们为什么会回避或接受卑微的豆子。显然，对于每一个拒绝吃肉的群体来说，无论是古老的印度教还是20世纪的反主流文化，豆子都是饮食中必不可少的组成部分。但是一些团体，最臭名昭著的是毕达哥拉斯学派，据说他们不吃豆子。具有讽刺意味的是，作为蛋白质和油的来源，大豆已经成为最重要的经济作物之一，现在也是主要的转基因作物；而高度加工的食品——豆腐成为回归自然的健康食品运动的一部分也令人十分困惑。当然，所有的食物都可以通过一种或另一种方式被加工成复杂的食物形态，但豆制品的种类实在是太多了。在现代西班牙的早期，一道慢煮的烘豆被用作识别隐秘的犹太人的方法，而类似的罐头则被当作英国工人阶级身份的象征，由雇主在庆祝宴会或“快乐的盛宴”（豆宴）中提供。

有时，人们也会有意识地种植和食用豆子，将它们视为实现自我约束的工具。因为豆子是质朴的象征，也是苦行僧式节俭饮食的一部分。野豌豆和羽扇豆是豆科植物中最卑微的物种，最有助于人类实现目标，但是对于那些寻求简单饮食的人来说，所有便宜的豆子都是如此。另一方面，当肉类供应充足，或者节俭和自我惩罚被视为一种愚蠢行为的时候，豆类就成了最早被人类拒绝的食物。约翰·弥尔顿在他的《酒神之假面舞会》中很好地表达了这一点。他呼吁人们接受大自然的恩赐，自由地享用大自然赐予的所有礼物。他想知道，人们如何独自依靠豆子生活。

> ……如果全世界
> 如果在温度较高的宠物体内，以豆子为食，
> 喝清澈的溪水，除了饰带什么都不穿，
> 所有给予者都会被忘却，被忘却，
> 他的财富有一半不为人所知，却被鄙视了；……

豆子与肠胃胀气之间千丝万缕的联系使豆子的故事更加复杂，也更加轻浮。每一个说英语的人至少都听过这首小曲

的一个版本：豆子，豆子，它们对你的心脏有好处——你吃得越多，你就放屁越多……尽管专家提供了处理建议，但这并不是长时间浸泡、特殊烹饪方法或经常食用就能解决的问题。有些人甚至不愿冒险。因此，对豆子的态度为我们了解礼仪和礼仪历史提供了独特见解。除了社会或种族耻辱感外，害怕在公共场合放屁也会增加人们对豆子的排斥。事实上，不是你的身体产生了气体，而是肠道中的细菌分解干豆子中难以消化的化合物造成了这一切。问题的罪魁祸首是一系列复杂的糖或低聚糖，它们的名字听起来很邪恶，如棉子糖、水苏糖和马鞭草糖（一种非常活跃的糖）。细菌的代谢活动产生了氢气和甲烷等气体，当然，这些气体最终会从你的体内排出。

有趣的是，这些产气的特性并不存在于新鲜的豆子或豆芽中。新鲜的豆子，特别是四季豆，从来没有像它的干豆子那样与产气形成负面联系。这并不是偶然现象。事实上，因为四季豆的季节性很强，而且难以保存，它经常成为高档菜肴的原料。从植物学上讲，四季豆仅仅是同一种干燥后食用的菜豆未成熟的豆荚，但从观念上讲，它们是完全不同的食物。

这本书将涵盖全世界人类食用的每一种主要豆类，包括一些我们无意中不认为是豆类的物种，如兵豆和鹰嘴豆。篇幅最长的章节重点关注那些最常见和历史典故最丰富的豆子：

蚕豆、菜豆和大豆。与此同时，本书也收录了一些鲜为人知的豆子，以及豆科植物中那些善于伪装的物种，如罗望子和胡卢巴。不过，书中不含那些被用作牛饲料的重要豆科植物，如紫花苜蓿，尽管它们本身很吸引人，但从来没有被人类当作食物。

想在这本书里完全涵盖所有的豆类植物并不现实，也十分无趣。美国农业部整理了分布在美国的豆科植物，共有236个属。从全球范围来看，豆科植物的种类更多，它们常常被分为三个类群。其中，有40个属与含羞草相似并被归为一类（含羞草亚科，Mimosoideae），它们主要是金合欢之类的热带或亚热带树种；有150个属被归为云实亚科［Caesalpinioideae，以16世纪意大利植物学家安德里亚·塞萨尔皮诺（Andrea Cesalpino）的名字命名］，它们大多是一些树木，如角豆树、罗望子和肯塔基咖啡树（美国肥皂荚）。另外429个属形态类似蚕豆（蝶形花亚科，Papilionoideae）。豆科植物共有619个属，包括约18 815个物种，毫无疑问，每天都有新的物种被植物学家命名。在豆科植物中，有相当一部分可以作为食物，瓜儿豆、刺槐豆、牧豆树、花生都是豆类，洋甘草和豆薯也是——可以说，几乎所有能结荚的植物都是豆科植物。

在豆科植物的所有属中，主要用于食用的属包括：菜豆属，现在指的是新大陆地区的豆子——基本是菜豆、斑豆、海军豆等；蚕豆属，或者说是东半球的野豌豆，包括蚕豆；

豇豆属，包括豇豆和许多不同类型的绿豆；以及大豆属，即大豆。这些基本分类与上述豆子的起源完美对应——美洲、欧亚大陆、非洲和印度，以及东亚。可食用的豆类中还包括无数其他的物种。此外，本书还将讨论豆科植物中许多其他完全不相关的属：木豆属、山黧豆属、四棱豆属、刀豆属和许多名称同样有趣的植物。这本书大致按时间顺序展开叙述，从人类第一个驯化的物种兵豆开始，一直延续到现代工业中最常用的大豆。由于许多章节集中在某个单一的地理区域，所以在时间顺序上也有很大的重叠。

常见的英语单词“豆子”（bean）是纯正的日耳曼语，以日耳曼语中的baunō和古撒克逊语中的bōna为原型，与现代德语中的Bohne、荷兰语中的boon、丹麦和挪威语中的bønne、瑞典语中的böna等词同源，但该词的起源尚不清楚。另一方面，“豆科”（legume）这个词的拉丁词根为动词legere，意思是聚集。知晓这一点非常有意义，有利于我们描绘出古人创造这个词的情景——这些是“采集来”的蔬菜。词根也为我们创造出了其他的词，来表示某种程度上的“聚集”，我曾读到这样一种说法，收集信息是lego，公开收集信息就是lecture。然而，法语中的“豆子”（legume）可以指代所有的蔬菜，“豆子”的意思是这个词最近才出现的一种用法。pulse一词是豆科植物的一个古老的同义词，有着同样有趣的起源，来源于古罗马时期烹饪的豆类菜肴豆粕或粥。

如今，菜豆属（*Phaseolus*）一词指的是来自新大陆的豆子，但最初指的是豇豆，现在属于豇豆属。这个词来自古希腊语phaselus（现代希腊语中的fasóli），它指的是一艘类似独木舟的小船，不禁让人联想到豆荚。对那些航海的人来说，这个联想非常有意义。意大利语fagiuolo、葡萄牙语feijão、罗马尼亚语fasole以及法语fayot 都是源于这个词，阿拉伯语 fasoulia也是如此。令人困惑的是，在所有这些语言中，*Phaseolus*指的是1492年以前的“豆子”，以及后来的东半球和新大陆的“豆子”。举个例子，这就是为什么绿豆不久前被称为*Phaseolus aureus*，现在却是*Vigna radiata*。直到最近几十年，这两个类群才有了自己独特的分类名称，却让所有来自新大陆的豆子都混在了一个庞大的菜豆属中。在未来的几十年里，为了清晰起见，植物学家很可能会把它们分开。与本书中使用的所有术语一样，这个词是撰写本书时可用的最新术语。这里不讨论最初命名这个物种的“权威”或个人，这些术语出现在这里主要是因为植物学家会感兴趣。

豆类还有独特而迷人的花朵结构。除了微妙的色彩和淡淡的香味外，每朵花都有两枚翼瓣，因此这个古老的家族中有一部分名为蝶形花亚科，即呈蝴蝶状。在这两枚翼瓣下面隐藏着一枚龙骨瓣。当昆虫降落到花朵上时，龙骨瓣就会弹出，并用花粉摩擦蜜蜂的腹部，从而将花粉转移到花朵的子房，或者转移到昆虫停留的下一朵花上。在《这椴树凉亭——我的牢房》中，柯勒律治捕捉到了这个交换的感官之美：

> 然而，这只孤独而卑微的蜜蜂
> 在豆花中唱歌！从今以后我将知道
> 在大自然中，智慧和纯洁都不会被遗弃；
> 没有如此狭隘的情节，只有自然存在
> 没有如此空置的浪费，但可以很好地利用
> 每一种感官的能力，保持心灵的平静
> 唤醒爱与美！

从植物学意义上说，大多数豆类植物是真正的雌雄同株，因此也被描述为完美的花。也就是说，这种花有雌雄两部分，实际上可以自己受精。这意味着该物种在许多年内会保持遗传稳定，不像苹果等水果那样依赖其他植株造成的意外受精，因此自发性杂交并不常见。有些遗传变异是随机发生的，但育种系仍然可以保持不同。也就是说，您可以准确地选择您正在查寻的特征，并在许多代中保持它们的原样。这意味着考古学家挖掘出的几千年前的豆科植物在遗传基因上与今天仍在生长的豆科植物很接近，尽管驯化已经显著改变了它们的形态。所有这些都使得重建豆子的历史变得非常简单，从某种程度上说，玉米或小麦的遗传历史更难辨别。

我们以最古老的豆类，或者至少是第一种被人类驯化的豆子开始这个家族的传记——古老而微小的兵豆。

第二章　兵豆：新月沃地

兵豆是豆子中的古老哨兵，它经受风吹日晒、抵抗寒霜，能忍受最恶劣的环境。如果没有这种低矮的豆科植物，人类的历史进程可能会完全不同。大约一万年前，兵豆与一粒小麦、圆锥小麦和大麦等谷物一起被驯化，是人类最早驯化的几种植物之一。数千年前的某一天，生活在今天土耳其东部、伊拉克北部和叙利亚等地的新月沃地的某个地方，一些四海为家的牧民偶然采集了一些兵豆，并把它们种植在帐篷的旁边。虽然无人照管，这些兵豆依旧在那里发芽生长。几个月以后，当这些牧民再次回到这个地方，他们收获了兵豆，并从长势最好的植株中选取可以再次种植的种子。在随后的几年中，虽然并不系统，但这些植物还是通过选择育种的方式得到了改良。由于兵豆是自花授粉植物，并且可以与野生的品种分离，因此这些改良性状也能够稳定保持下来。

历经多代以后，兵豆彻底被改变了。它不再像野生时那样通过成熟后自发地破裂豆荚来散播种子，这一变化使它更容易被人类收获。兵豆的植株也变得更加结实，种子也长得更大，因此比喜欢爬树的藤蔓状野生植株更适合在开阔的田野里生长。它的种皮也意外地变薄，原先在野外可以延迟发芽的种皮厚度不再是自然选择的有利特性。储存的种子在任何时候种植都能发芽，而且更薄的外皮也更方便人类煮熟食用。当然，种植兵豆的人也变了，他们越来越依赖庄稼，更愿意保护它不受捕食者和掠夺者的侵害，于是人类决定定居，就像兵豆一样，人类也被“驯化”了——或者说，变“宅”了。因此，一些简单的植物催生了我们现在所说的文明，无论这些文明是好是坏。

事实上，没有人确切地知道植物最初是怎么样或为什么被驯化的。这或许源于一个意外，可能是储存的种子受潮并发了芽，进而诱使人们开始种植。而我们至今仍无法确定永久定居和农业哪个先出现，但有充分的证据表明，“发现”和放弃采集–狩猎者生活的过程花了好几代人的时间，甚至在数千年内，这些不同的经济模式可能混合存在。还有证据表明，在大约公元前9000年至公元前8000年时，长期持续的寒冷干燥天气可能逐渐迫使人们放弃他们的游牧生活方式，从而选择农业模式和永久性的住所。通常情况下，种植食物比采集和狩猎更可靠，而兵豆最适合种植在收成一般的边缘土地上。作为中东地区的一种冬季作物，在几乎没有其他食物可吃的春季，兵豆也可以成为食材。豆类和谷物还有一个更大的好处，就是当它们丰收时，多余的种子可以晒干后储存起来，陶器的发明更是让储存变得方便有效。虽然这种营养来源未必更好，但至少做到了更稳定可靠。从长远来看，豆类和谷物的丰收提高了生育率，也导致人口增长，进而引起人们对粮食更大的需求。与采集-狩猎者式的多样化饮食相比，谷物、豆类、少量的奶制品和肉类每单位能量消耗所提供的卡路里更少，导致这些生活在农业定居点的人越来越依赖他们有限的食物种类，从而迫使他们继续耕种或迁移到其他更适合耕种的地方。

所谓的新石器革命的故事已经讲述了很多次，在这些故事中，人们总是强调小麦、山羊和绵羊的关键作用，而豆类，不仅仅是兵豆，还有鹰嘴豆、野豌豆以及后来的豌豆，不知出于什么原因，它们在革命中的作用都被人忽略了。但在为不断增长的人口提供蛋白质这一点上，豆类可能与肉类和奶制品同样重要，甚至发挥了更大的作用。这是一个简单的效率问题——每英亩兵豆提供的热量比放牛获得的更多。同样重要的是，生长在豆类根上的根瘤菌从大气中吸收氮元素，并将其融入土壤，这种天然肥料能使小麦生长得更好。此外，豆类的茎秆和豆荚还可以喂牛，牛又为豆类种植提供了更多的肥料。与许多早期的农业社会一样，植物的组合在土壤改良中起着协同作用，淀粉食物和豆类的结合在人类饮食中也起着协同作用。兵豆中缺乏的氨基酸由谷物来提供，与此同时，谷物中缺少的赖氨酸则由豆类来提供。也就是说，人类可以主要依靠这种以植物为基础的饮食方式来维持生存，而这种方式所能养活的人口数量是采集和狩猎所不能企及的。也可以说，如果没有豆子，这些早期文明就不太可能出现。

我们应该知道并记住的是，这种生活方式的形成可能从来都不是一个有意识的过程，因为没有人会在早晨醒来时说："亲爱的，让我们安定下来，种一些兵豆吧。"一些学者推测，最初是人口压力迫使人们改变生活方式。也可能是在最后一个大冰期，动物在欧亚大陆广大地区的扩散造成了野生动物群的分散。这一现象意味着狩猎群体的消失，而规模更大、越来越有组织的社会群体得以幸存，特别是那些拥有军队和高效武器的社会。以上所有的观点都是猜测，但考古证据表明，兵豆的野生祖先曾经从希腊一直向东分布到乌兹别克斯坦，从某种程度上来说，它被驯化了。

人类在驯化兵豆前，都是不加烹饪地直接食用，而烹饪兵豆的历史最早可以追溯到公元前11000年，希腊福朗荷提洞穴中出现的烧焦的野生兵豆是最直接的证据。在这几千年后，也就是大约公元前9000年至公元前8000年间，在叙利亚境内的穆勒拜特遗址也发现了类似的标本，但尚不确定这些标本是小型驯化兵豆还是大型野生兵豆。兵豆大约在公元前7000年或更早的时候开始被驯化，而现代的兵豆品种很可能起源于野生的东方兵豆（*Lens orientalis*）。在新月沃地发现的大量兵豆也是大规模种植和收获兵豆的证明。到公元前5500年左右，有考古证据表明该物种发生了变化，在同一时期的欧洲农业聚居地也发现了兵豆。植物进化之父堪多指出，在青铜时代的瑞士湖居遗址中曾发现兵豆。随后，它被传播到遥远的英国，向南至埃塞俄比亚，东至印度，很可能是被说着梵语的印欧入侵者带到那里去的。很明显，尽管在早期的印度河流域文明遗址中也发现了兵豆，但兵豆这个词在印欧语系中的多种形式支持了兵豆是入侵者带来的观点。

古苏美尔人是历史上第一个留下书面记录的文明社会，他们生活在底格里斯河和幼发拉底河之间的美索不达米亚下游，兵豆可能就在他们的北边某处被驯化。他们种植和储存兵豆以及其他驯化过的植物，如小麦、大麦、小米和鹰嘴豆，并将其作为饮食的主要部分。苏美尔人有着清楚的阶级划分，我们也可以称之为第一个阶级分化的社会。在他们的社会中，大多数人是农民，但是大规模的灌溉工程需要相应的组织和政府组织协调。专业的官员和祭司负责在楔形碑上进行书面记录——起初只是记录少量的牛和谷物，后来开始记录税务，甚至产生了《吉尔伽美什史诗》那样伟大的文学作品。

社会阶层的分离也意味着群众的基本饮食与统治者、祭司和战士的基本饮食有所区别。占人口绝大多数的农民以饼或啤酒的形式摄入谷物，辅以豆类和蔬菜，而富有的人吃更多的肉，因为他们可以负担奢侈的野生动物狩猎。对于普通家庭来说，他们不可能宰杀牛作为肉食，因为牛能让他们获得价值更高的乳制品。这种模式始终贯穿西方文明，对兵豆和其他豆类来说具有特别重要的意义。当一个人买得起肉时，豆类是最先被他从饮食中剔除出去的食物，因此，豆类也被认为是与穷人联系最紧密的食物。我们没有直接的证据证明古代的苏美尔也会出现这一现象，但来自同一地区的最古老的书面食谱记载给出了一些提示。

现存最早的烹饪食谱文本记录在三块楔形文字泥板上，可追溯到公元前1600年，它们记录了来自北方的征服者阿卡德人（而不是苏美尔人）的烹饪食谱。这些食谱可能是对于富裕家庭日常食物的记录，因为上面记载的大多是肉和禽类。这可能只是历史记录中的一个偶然情景，但也直接说明了富人对肉类最感兴趣。但是，在泥板上的一系列褶皱中，记录了一种叫“为我研磨”的兵豆去壳方法——也许是用筛子筛过的兵豆粉。人们把兵豆粉与浸泡过芳香木材的啤酒一起煮熟，然后与肉一起食用。吉恩·博特罗在翻译这段食谱时无法理解其中的每一个细节，但无论如何，这是我们所知道的地球上最古老的豆类食谱。在所有这些食谱中，只有一份食谱是以兵豆和其他豆子为主食，这间接证明了饮食是按照阶级划分的观点。也有人认为，这些食谱可能是为了祭祀太阳神马尔杜克，因为除了具有精神的食物，神很少食用其他固体食物，所以祭祀剩余的食物都属于国王和他的宫廷。果真如此，它仍然能够支持饮食是按照阶级来区分的观点。

埃及人还用兵豆陪葬，把它当作亡者在冥界的食物。在佐瑟金字塔下，人们发现了大量存有兵豆的储藏室，甚至在比埃及王朝更早的坟墓里也发现了兵豆。兵豆似乎与荷鲁斯神有关。和大麦之类的植物一样，它“死去并在春天重生”，在古埃及，这一特点可能被人们认为是复活的象征，特别适合来世的盛宴。显然，吃兵豆没有什么不好的。事实上，在古典世界里的人常常认为是埃及人种出了最好的兵豆，时至今日，仍有一些狂热粉丝对这种精致的红色豆子做出类似的断言。19世纪的美食作家亚历克西斯·索耶借用希腊/埃及美食作家阿忒那奥斯的话说：“埃及人的想法有时最古怪，他们认为，用兵豆喂养儿童就足以启迪他们的思想，打开他们的心扉，让他们快乐起来。”阿忒那奥斯本人也相信亚历山大港是兵豆文化真正的中心，你“从小吃兵豆长大，整个城市都是兵豆做的菜”。

兵豆也许在古代印度是最成功的。它不仅能在干旱的环境和贫瘠的土壤中生长得很好，而且在小块的土地上也很容易种植，因此兵豆和木豆成为印度饮食的主要基石之一，并一直延续至今。素食主义当然也在其中扮演了重要角色，这个话题我们将在下面与印度本土的豆类物种一起讨论。如今，印度教的谚语说明了一切：“大米是上帝，但兵豆是我的生命。”

《圣经》也很好地说明了兵豆在古代中东的重要性。每个人都知道以扫的故事——为了一碗兵豆汤，以扫把他的长子名分卖给了他的弟弟雅各。但是很少有人认识到食物在《旧约》中一直发挥着核心作用，而希伯来人通常会用饮食的术语来定义他们与上帝的关系。也就是说，这个故事的内涵还是要比我们想象的更深。起初，亚当和夏娃生活在伊甸园中，他们天真烂漫，绝对不会为食物而杀生，所以只吃从地里自然生长出来的果实和种子。今天我们称他们为果食主义者或者纯粹的采集者。当然，这一切都被吃了知识之树果实的罪过破坏了，因为这种罪过的惩罚就是被放逐到花园之外，他们不得不靠自己的汗水来谋生。换句话说，他们成了定居下来的农业主义者。无论是在这个版本还是在现实生活中，都需要更多的劳动力，但这是养活不断增长的人口的唯一方法。他们的后代——该隐和亚伯的职业也反映了某种历史现实，他们一个是农民，另一个是牧民。出于无法解释的原因，上帝接受了牧羊人亚伯的贡品，却拒绝了农夫该隐的礼物。该隐杀死了他的兄弟，被迫流浪，又从某种意义上回到了游牧的生活方式。

这两个人物的关系在以撒的两个儿子的故事中得到了复制，他们是两个不同族的祖先。长子以扫身体发红，浑身有毛，他善于狩猎，常在田野中活动。弟弟雅各住在帐篷里，过着安定的生活。至少在神话诗的形式中，这个社会还没有完全过渡到农业文明。事实上，以撒仍然喜欢吃鹿肉，这就是为什么他喜欢当猎人的大儿子。但打猎并不是可靠稳定的谋生方式，有一天，以扫两手空空、饥肠辘辘地回来了，而他的农夫弟弟雅各正高兴地喝着兵豆肉汤。就像敌对的兄弟们喜欢做的那样，雅各拒绝与他分享，除非以扫把他的长子名分卖给他。这个把戏肮脏不堪，但给希伯来人的信息已经很清楚了：选择一个安全而有利可图的职业，比如当农民，否则你可能会陷入麻烦。雅各撒下种子，成熟后收获百倍，设摆筵席庆祝。最后，他甚至用母亲利百加做的美味山羊羔肉代替父亲期待的来自以扫的鹿肉，来欺骗失明的父亲给他祝福。同所有粗俗和不文明的人一样，以扫图谋杀害他的兄弟，但最终雅各逃脱了并成为以色列十二个支派的先祖。这是一个简单的道德故事，但它肯定了希伯来人的农业和定居生活，当然也包括兵豆。

兵豆在《旧约》中随处可见，但是有个奇怪的记录是上帝给先知以西结的指示。以西结奉命到那些悖逆上帝和他的法律的以色列人中去，警告他们厄运即将来临。在他的训诫中，有一条是要侧身躺下，吃用小麦、大麦、兵豆、小米和粗麦做的面包整整一百九十天。但这堆乱七八糟的东西刚开始应该是用人类的粪便作为燃料来烘烤的，尽管在抗议后上帝心软，允许以西结使用牛粪烘烤。这是要告诉以色列人，在上帝惩罚和放逐他们之后，他们将吃不洁净的面包，对于自己微薄的积蓄，他们被迫量入为出。它显然也具有象征意义，不仅仅是一种味道很差的豆面面包，还是一种由各种谷物和豆类组成的食物。（有人怀疑，那个销售杂粮面包“以西结面包”的现代食品公司没有抓住这个故事的重点。）

以色列人非常清楚这个信息，在利未族法律中，关于洁净和不洁净食物的主要原则之一就是绝不能把两种食物人为混在一起，甚至延伸到一件衣服上不能有两种不同的纤维。从象征意义上说，这正是以色列人违背上帝命令的方式，不是通过性行为或烘烤奇怪的面包，而是通过与其他民族混在一起，失去他们的身份。通过这种“卑鄙可憎的方式”，他们已经不再是以色列人，上帝用瘟疫、饥荒和战争来惩罚他们。

在这些预言中，豆类和兵豆本身并没有受到诋毁，人们抨击的是将它们与其他谷物人为混合在一起的烹调方式。只有在古希腊人中，豆类本身才开始受到批评。尤其是兵豆，它首先被视为一种危险的不健康食品，后来又被公众抹黑为“穷人的食物”，兵豆在西方文明中的负面影响由此开始。

公元1世纪时，一位在罗马工作的希腊医生盖伦在他的《饮食教法》中详细地论述了兵豆是否会束缚或放松腹部，并以各种形式将其用作药物来达到这些目的。但是作为一种普通的食材，兵豆绝对充满了危险：“过量食用这些食物的人会患上象皮病和溃疡性增生，因为粗大、干燥的食物通常会让人产生黑胆汁。”由于兵豆被过度干燥，它们对体质干燥的人尤其有害，还会损害人的视力。他认为，在烹饪兵豆时加入香薄荷和薄荷油可以使得它更容易消化，但最糟糕的是厨师为富人做的事情：烹饪兵豆时用葡萄汁收汁，这会导致肝脏阻塞和脾脏炎症。同样糟糕的是，用腌肉烹制兵豆会导致血液黏稠。不经意间，盖伦提供了一些基本的食谱，就烹饪而言，这些食谱非常出色，但很明显，他的担心是出于医学的考虑。饮食权威是兵豆污名化的一个来源。

吃兵豆的习惯和穷人身份之间有着密切的联系。有句俗语说："富豪不吃兵豆。"这句俗语表明，那些害怕被再认为是乌合之众的人，会试图摆脱最明显的出身标志，而衣着、说话语调以及饮食等最容易暴露的证据是最需要改变的。那些富人对施加在暴发户身上的这种社会压力无法感同身受。如果暴发户想扮演好富人的角色，就必须放弃像兵豆这种穷人才会吃的食物。这与今天有人放弃廉价啤酒和垃圾食品的情况很相似。虽然这可能是出于健康考虑，但这两者之间也有很强的阶级关联。由于在当前的发达国家中，很少有人被迫以兵豆为主食，所以这种明显的联系自然就消失了，但是在一个世纪前的情况就完全不同。1911年版的《大英百科全书》里写道："在所有种植兵豆的国家里，兵豆都更适合成为穷人的食物，当人们能获得更好的食物时经常会拒绝食用兵豆。因此，有句俗语叫'*Dives factus jam desiit gaudere lente*'。"即上述那句俗语的拉丁语版本。也就是说，和大多数豆类一样，从古希腊到20世纪，人类对兵豆的偏见一直根深蒂固。

尽管如此，许多希腊人，也许是大多数人，一直在吃兵豆。哲学家芝诺说：“一个明智的人总是理性行事，并为自己准备好兵豆。”谁也说不准这究竟是什么意思。不过还有另一则故事说，芝诺曾被迫提着一罐兵豆穿过雅典的街道来显示他的谦虚。兵豆通常是以豆糊或豆荚的形式烹饪的，所以用“豆荚”（phako）一词表述兵豆。虽然古典时期没有明确的食谱流传下来，但希腊内科医生安提姆斯在6世纪初拜访法兰克国王提奥德里克一世的宫廷时，可能给出了一种近似的食谱。根据食谱上的记载，他首先把清洗后的兵豆放入淡水中煮沸，然后又把水倒掉，这表明他在吃兵豆时还是有些恐惧，给兵豆焯水可以防止对身体造成负面影响，也和他的医生身份非常契合。随后他又将兵豆放入更多的水中，在炉子上慢慢地煮熟，加入少许食醋和据说能增加味道的盐肤木果，还有一勺新鲜橄榄油和一些整棵带根的新鲜芫荽（香菜），再加一点盐。这道食谱非常有效。盐肤木果是一种坚硬的红色浆果，在中东烹饪中很常见，它被磨得很细，给这道菜增添了出色的水果酸味。添加纯净的酸味调味品也可能是为了帮助分解坚硬且难以消化的兵豆。与安提姆斯的建议不同，我认为芫荽可以在烹饪完成后去掉，也可以把叶子切碎并在最后加入菜中。

我们使用的“兵豆”（lentil）一词来自拉丁语中的*lenticula*，通常缩写为lens或lentil。植物学术语*Vicia lens*指的是烹饪用的兵豆。值得注意的是，我们是用“兵豆”的名字lens来给光学仪器凸透镜命名，而不是反过来用“透镜”一词称呼“兵豆”。这种透镜的两个凸面都有非常明显的凸出，埃德蒙·哈雷（预言哈雷彗星的人）分别给透镜的两个凸面命名，并于1693年成为第一个在印刷品中使用这个词的人。人眼的晶状体的名称又取自玻璃透镜，1719年，这一词意首次得到使用。但是透镜这个词本身是什么意思呢？有一个可爱的民间传说，或者更确切地说，是虚假的传言，说这个词的词源可以追溯到6世纪的神学家圣伊西多尔。在罗马人看来，兵豆很难消化，会导致人四肢沉重、行动迟缓，所以圣伊西多尔认为这个词来自兵豆，表示身体迟钝、黏滞和堵塞。可见罗马人确实对兵豆有明显的偏见。

但在罗马的早期历史中，罗马人对食物并不十分挑剔。事实上，这些农民兼战士看重的是简单和自给自足。没有人会比生活在公元前2世纪的老加图更能证明早期罗马共和国的严苛性。他在政治家身份之外，还编写了一本农业手册，其中不仅把兵豆描述为一种作物，还看成是一种药物。老加图还是一个非常虔诚的人，他指导人们如何向神献上合适的祭品，甚至提供了各种祭祀蛋糕的食谱。例如，在种植之前，应该向朱庇特献上一份葡萄酒作为祭品。“你们奉献祭品的时候需要这样说：‘受祭的朱庇特啊，在我的家里，在你神圣的节日里，给你奉上一杯葡萄酒；因此，求你来享受这应该奉献给你的盛宴。’”只有这样，才能顺利种植小米、黍子、大蒜和兵豆。有趣的是，在后来的几个世纪里，这些植物与贫穷密切联系在一起，但是老加图对种植它们毫无保留。

然而，到了罗马帝国时代，兵豆开始与穷人的饮食联系起来。而对于富人来说，它们只是一种很好的包装材料。古罗马最著名的兵豆逸事是关于卡利古拉统治时期从埃及带来的巨大方尖碑。据普林尼记载，在穿越地中海到达罗马的旅途中，共携带了120蒲式耳（约280万磅）的兵豆。今天，方尖碑依旧矗立在梵蒂冈的圣彼得广场，但我们永远也不会知道，那些用来包装的兵豆是否真的曾经出现在人们的盘子里。

尽管在帝国时期，公众对兵豆存有偏见，但阿皮修斯的烹饪书主要还是面向那些富有的顾客，甚至是那些试图用奇异的食材给人留下深刻印象的新贵。尽管如此，里面还是记载了一些相当简单的兵豆烹饪方法，比如栗子配兵豆。将兵豆清洗干净后放入锅中，加入水和一小撮硝酸盐（或小苏打，有些厨师在煮豆子的时候仍然习惯使用小苏打）。此外还有胡椒粉、孜然、芫荽、薄荷、芸香、串叶松香草根和番红花。串叶松香草是一种现在已经灭绝的植物，生长在北非，学者们认为它可能和阿魏很像——具有一种与众不同的浓烈气味。随后按照古罗马的标准口味上演三重奏：加入少量的醋、蜂蜜和鱼露（一种鱼酱油）。再往煮熟的栗子中加入一点油，把所有的食材都在研钵里捣碎，根据个人口味再加入一点新鲜的油。它可能是一种兵豆泥，类似于鹰嘴豆泥。在经历复杂的制作过程之后，它是否仍然只是一道不起眼的菜很值得怀疑，但可以肯定的是，在古代晚期的某个时候，在阿皮修斯写下文章的同时，人们有可能正在吃兵豆。还有一种更简单的兵豆烹饪方法，用韭葱、绿色芫荽叶和类似于第一种方法的调味料就可以完成制作。

中世纪的欧洲继承了古人对兵豆的偏见，特别是在公元1000年之后，人口再次增长，社会分化变得更加明显。与此同时，他们开始重新发掘古代医学文献，这些文献进一步强调了这种小豆子的危险性。他们遇到的第一个权威不是希腊人本身，而是翻译和解释它们的阿拉伯作家。因为欧洲人首先阅读的是由阿拉伯作家翻译成拉丁文的文献。与电话留言便签一样，传输过程中出现了信息混乱。例如，意大利内科医生安东尼乌斯·加齐乌斯在讨论兵豆时首先引用了阿拉伯人艾弗罗的话，他声称兵豆会引发血液黏稠、视力模糊，加剧胃收缩并影响性行为，这就足以使大多数人远离兵豆。其中一些信息似乎来自盖伦，他也认为兵豆又热又干，如果这是一种会导致忧郁的食物，那就没什么意义了。另一位阿拉伯人哈利阿巴斯认为，兵豆的寒性算二级，干燥性有三级，这就是为什么兵豆会引起忧郁以及象皮病、躁狂、肿瘤、噩梦等等问题。无论如何，尽管这些信息通常来自中世纪的阿拉伯，但欧洲人对兵豆几乎没有什么正面评价。加齐乌斯还说，兵豆配咸肉（一种很常见的习惯）是最糟糕的吃法，最好是浸泡后去皮，再加入醋、牛至、薄荷、胡椒、孜然、杏仁或芝麻油等等。这听起来并不坏，也许这就是为什么加齐乌斯提醒我们一定不要吃兵豆，除非实在是没有其他更好的东西吃。

加齐乌斯的讨论表明人们确实会吃兵豆，但令人惊讶的是，在中世纪的烹饪书中却几乎完全没有关于兵豆的食谱。被归因于泰勒文的《食品》不使用兵豆，也不使用《食物准备法》或其他形式的英国食谱。食谱的作者似乎不太可能认真对待医生的警告；他们很少注意其他建议。也许仅仅是因为食谱主要是为富有的读者而写的，如果吃兵豆是一种耻辱，那么他们肯定不会为食谱而烦恼。另一方面，尽管公众存在偏见，但依然出现了蚕豆食谱。也许所有的豆子或多或少都被认为是可以互换的，没有理由指定蚕豆、兵豆或鹰嘴豆。

此外，还有一种明显的可能性是兵豆不常见。兵豆在潮湿寒冷的北欧长势不好，这可能是它们没有出现在英国和法国的烹饪书上的原因。书中经常会出现豌豆的身影，因为它们确实能在那里茁壮成长。而医学作者可能只是在没有参考惯例的情况下重复当时的观点。例如，兵豆和腌肉的组合来自盖伦——也许在中世纪的欧洲它还不是一道常见的菜肴。同样有趣的是，即使是来自意大利和西班牙的烹饪书作者也忽略了兵豆。无论是14世纪加泰罗尼亚的《索维的自由》还是诺拉的鲁伯特的《科奇的自由》中都没有提到兵豆。中世纪的意大利烹饪书，如科莫的名厨马蒂诺的那本烹饪书中也没有提到兵豆。有趣的是，马蒂诺的烹饪书是在1470年出版的，里面有许多有益健康的食物。普拉蒂纳是一位优秀的古典学者，他撰写过一篇关于兵豆的文章，主要取材于古罗马的普林尼。兵豆宜生长在瘠薄的干燥土壤环境中，包括两个不同的品种，它们难以消化，还会引起麻风病和肠胃胀气，并抑制性欲。同样，用大麦来调和兵豆以减少其危害的建议也来自盖伦。在马蒂诺的食谱中，没有出现任何可以用于当代实践的东西，甚至连兵豆都没有提及。

兵豆实际上并不像是中世纪欧洲常见的食品。直到16世纪，兵豆才开始出现在烹饪书中，最著名的是巴托洛米奥·斯嘎皮在1570年出版的《烹饪艺术集》中记录的六个食谱。不过，这并不令人惊讶，因为斯嘎皮提出了他的方式，至少提到了可能在配方中使用的每一种食物。尽管如此，在这六种食谱中的五种里，兵豆只是豌豆、蚕豆或其他豆类的简单替代品。在一本包含数千种食谱的书中，只有一种是专门为兵豆设计的。这个食谱值得全文翻译，因为其中的描述着实让作者感到震惊：

干兵豆浓汤

清除兵豆中的所有杂质，放入盛有温水的容器中，去除那些漂浮的兵豆，把留下的兵豆用水煮开，待水沸腾时用大漏勺盛出上浮的兵豆放入另一个容器中。这样做是为了让那些被卡住的沙子掉落到容器底部。将煮好的兵豆与大蒜、盐、少许胡椒粉、藏红花、水以及捣烂的香草一同烹饪，从而使汤汁更浓郁美味。你也可以用蒜瓣、大块的松茸或丁鲷来煮。

除了沙子不太可能卡入兵豆上的任何地方之外，清除气泡上方的东西时的方向也很奇怪，这也说明兵豆在欧洲不是一种常见的食物——或者可能只是穷人吃的东西。17世纪生活在英国的意大利流亡者贾科莫·卡斯特韦特罗在他关于蔬菜的书中犀利地指出："和其他许多国家一样，我们也有兵豆，其中一种，即使不是最不健康的蔬菜，也是人们可以吃的最不健康的蔬菜之一，除了他们说的肉汤外，这是一种神奇的天花儿童饮料。"（这是他从法国外科医生安布罗斯·帕雷那里得到的一个想法。）"一般来说，只有身份最低下的人才会吃兵豆。"

这在很大程度上概括了西方文明在接下来的四个世纪中对兵豆的偏见。应运而生的腌兵豆就是这样一种奇怪的兵豆菜肴，据说它是以路易十五的妻子玛丽亚·莱斯钦斯卡的名字命名，人们食用这种菜肴很可能只是出于民族好奇心。否则，如果可能的话，人们就会避免食用这种食物，而烹饪书对这个话题几乎完全保持沉默。即使在20世纪初，我们也发现埃拉·凯洛格有这样的说法。她认为兵豆的皮很硬，不易消化，兵豆“除了汤、果酱、烤面包和其他需要去掉皮的菜肴外，几乎没有什么价值。兵豆的味道比任何其他豆科植物都要强烈，除非人们习惯了它的味道，否则不会被人们普遍接受”。

作为一位为穷人辩护的工人阶级作家，英国小说家乔治·吉辛最擅长表达这种偏见。尽管如此，他还是无法忍受在19世纪末、20世纪初时被广泛提倡的素食主义，而且对兵豆有一种特别的厌恶。在他晚年（1903年）出版的作品《四季随笔》中，我们可以看出他的态度。

> 在我看来，素食主义文学中有一种奇怪的悲怆。我记得有一天，当我带着饥饿和贫穷阅读这些期刊和小册子时，我极力说服自己，肉是完全多余的，甚至是令人厌恶的食物。如果现在这样的事情出现在我的眼前，我会对那些需要帮助的人生出一种略带幽默的同情心，因为他们这么做不是出于意志，而是同意这种化学意味十足的饮食观。我的眼前出现了一些素食餐厅里的景象，在那里，我常常相信，只要花最少的钱，就能满足我渴望饱餐一顿的胃；在那里，我吞下了“美味的肉排”和“蔬菜牛排”，但我不知道在那些似是而非的名字下隐藏了哪些不足。我记得有一家素食餐厅，在那里你只要花六便士就可以吃一顿丰盛的晚餐——我

> 不敢回忆起那些东西。但我还能记得那些客人的面孔——可怜的办事员和售货员，没有血色的女孩和形形色色的女人——他们都在竭力从兵豆汤和哈利科特酒中寻找可以称得上美味的东西。这种奇怪的景象真是令人心碎。我怀着苦涩的心情憎恨兵豆和扁豆——那些自命不凡的食欲欺骗者，那些虚伪的骗子，那些自称为人类食物的认证专家！

兵豆只会被公众勉强接受，奇怪的是，在美食家当中却不是这样。命运彻底发生了转变，小小的精英兵豆成了一种珍贵而且价格高昂的奢侈食品。迷你的黑色“鲟鱼”兵豆也是如此，当你品尝它的时候，你几乎可以想象它会像真正的鱼子酱一样撩动你的味蕾。正如我们将在下文中看到的那样，有时候，最微小的豆子也会完全避开它们卑微的出身，进入餐馆的菜单，进入那些在最不可能的地方寻找新奇事物的人的锅里。

第三章　羽扇豆：欧洲和安第斯山脉

羽扇豆是豆类中最奇怪的反叛者。对于那些从未遇到过它们的人来说，它们打破了所有关于豆类烹饪的规则。作为一种有毒生物，羽扇豆中苦涩的生物碱会影响人类的中枢神经系统，导致抑郁、抽搐和呼吸衰竭。这种生物碱也使它们的味道难以被人接受，想要食用羽扇豆，必须将其煮沸后彻底清洗，再浸泡大约一周左右的时间，在这期间还需要经常换水。显然，只有把它们放置在浴缸里、一直开着水龙头才能做到。此外，羽扇豆永远不会变软。谁知道有多少爱冒险的厨师曾经在火炉边不耐烦地等待沉默寡言的羽扇豆屈服呢？对付羽扇豆的唯一方法就是顺其自然，接受这样一个事实：它们应该是松脆的，是像橄榄一样的零食，而不是用来烹饪的豆类。它们还必须加盐腌制，或者更确切地说是浸泡在盐水里。即使这样，羽扇豆外层的种皮通常坚硬无比，最好去皮食用。和橄榄一样，未经烹饪的羽扇豆很苦，这让人不禁好奇，怎么会有人发现这种食物？

但最大的惊喜在于，羽扇豆的蛋白质含量几乎是所有豆类中最高的，约为40%，这意味着它们比肉类更有营养。例如，一个6盎司（约170克）的汉堡含有48.6克蛋白质，蛋白质含量不足30%，事实上这是你的身体一天所需的蛋白质总量。然而，如果考虑到喂一头牛做一个汉堡需要多少羽扇豆，那么效率的比较就相当惊人，食用羽扇豆就更有意义了。珍珠羽扇豆（*Lupinus mutabilis*）是羽扇豆中的一种，大约含有25%的脂肪，而且是优质的不饱和脂肪酸，因此具有作为油料作物的潜力，同样也与橄榄不相上下。其他羽扇豆中的脂肪含量则约为5%～10%。更重要的是，羽扇豆不含大豆中常见的胰蛋白酶抑制剂，这种抗营养因子会阻止营养物质的吸收。一旦把羽扇豆中的生物碱浸泡掉，它们就是理想的食物，如今，人们已经做了很多工作来培育更甜的品种。

与其他豆类不同的是，大西洋两岸都有本地的羽扇豆品种。白羽扇豆（*Lupinus albus*）、黄羽扇豆（*Lupinus luteus*）以及狭叶羽扇豆（*Lupinus angustifolius*）来自南欧，而珍珠羽扇豆来自安第斯山脉，特别适合在高海拔地区生长。在秘鲁和玻利维亚，人们把珍珠羽扇豆烤熟并磨成粉，时至今日，当地人还会用这种粉来制作面包、面条、酱汁和汤。尽管加工并不容易，但也有报道说这种粉中的蛋白质含量高达50%。

在西方，大多数人都认为羽扇豆不是一种豆子，而是一种花，是最艳丽、最多姿多彩的园林植物之一。巨蟒剧团中有这么一段滑稽的故事，讲述了18世纪的传奇流浪汉丹尼斯·摩尔的经历。他劫富济贫，给一个贫困的家庭偷来了羽扇豆，不过他偷的不是豆子，而是羽扇豆的花。这家人讨厌羽扇豆的花，想要钱和珠宝。但摩尔下手太快了，以至于穷人拥有了一切，他不得不又从他们那里偷东西来还给富人。整部短剧的起因便是对于羽扇豆的哪一部分能食用的误解。

羽扇豆在地中海地区有一段古老但不显赫的历史。或许是因为它们的主要用途是作为牛饲料和所谓的绿肥，这意味着种植这类植物仅仅是为了让其回到土壤中为另一种作物提供养分。希腊人和罗马人一致认为羽扇豆是动物的食物，或者仅仅是最贫穷的人才会吃的食物。普林尼把它们定义为人类和有蹄四足动物共享的食物。根据雅典尼亚斯的说法，一位名叫吕克龙的剧作家写了一篇讽刺哲学家晚宴的文章，讽刺的不是通常的食物，而是羽扇豆："在那里，羽扇豆翩翩起舞，它们是躺卧在三面沙发上的穷人的同伴。"与其他食物相比，羽扇豆更有可能被嘲笑为"绝望的食物"。你什么时候会吃牛饲料？除非你是个脾气暴躁的老犬儒主义者，就像豆子本身一样叛逆。犬儒哲学派是古希腊提奥奇尼斯创立的一种哲学流派，他憎恨人类，竟然把自己关在一个桶里。为了证明食物并不重要，他竟然试过食用生牛肉——对希腊人来说，这一举动简直不可想象。据说他甚至在吞下一只生章鱼后死亡。（寿司显然也是不可想象的。）这些愤世嫉俗的人还吃羽扇豆，只是为了表示他们对美味食物的蔑视，也许这样他们就能在公共场所制造出足够的屁来吓跑人们。重点在于，这也正是羽扇豆被谴责为穷人的食物的原因。在提奥奇尼斯的例子中，他行为无耻，试图通过做一些令人发指的肮脏举动（比如在公共场所手淫）来打破社会习俗。吃羽扇豆是他表达对其他人嗤之以鼻态度的一种方式，同时还能制造出一种目中无人的臭味。

许多人认为犬儒主义者疯了，但疯狂可能会带来一种反常的神圣扭曲。早期基督徒中的禁欲主义者也以打破社会习俗、吃恶心的食物而闻名。在这样做的过程中，他们变得更加卑微，甚至像基督一样受苦受难。在7世纪，那不勒斯的莱昂提厄斯写了一本《西缅愚人生活》，显然是从提奥奇尼斯那里得到了线索。主人公吃生肉，食用大量羽扇豆，还在公众场合排便。从对我们有利的角度来看，很难理解这为何会被解释为神圣的行为，但恰恰是通过背离社会规范——甚至到了疯狂的地步时——一个人才能获得更伟大的精神。在更传统的禁欲主义者，即那些仅仅放弃性爱并且让自己挨饿的人中，食物越难吃，身体受到的惩罚越多，灵魂就越强大。在教堂的神父中流传着这样的故事，修道士们试图用他们的苦行甚至有意识的自我惩罚来超越彼此。一个人试图在炎热的天气里一整天不喝水，这样他就可以把自己“钉在十字架上”；另一个人把一瓶油在架子上放了三年，这样他可能会在它面前受罪；还有一个人的长袍上被他的兄弟吐了痰，他正要生气的时候竟然决定把痰给吃了。弗洛伊德和这些人在一起度过了一天。的确，这种英雄式的自制力的产生，恰恰源于对世界上其他人的怨恨，那些人能够快乐地享受生活带来的肉体乐趣，比如食物、性爱和有规律的睡眠。这和羽扇豆有什么关系？作为备受厌弃的普通食物，它们是那些远离世界，甚至远离自己身体的人的理想饮食。苦涩的豆子最适合那些自虐的修道士，因为食用它们的奖励是获得永恒的生命。

撇开疯狂的哲学家和禁欲主义者不谈，医学上对于羽扇豆的观点存在分歧，但通常集中在它们造成肠胃胀气的能力上。伪希波克拉底阑尾疗法在“急性疾病治疗方案”中提出了这个广为流传的主张：

> 所有的豆类都会造成肠胃胀气，无论是生食、煮食还是烤食，但浸泡在水里或者还是绿色的时候影响最小。除非与其他食物搭配，否则不得食用它们。此外，每一种豆都有其独特的危险。鹰嘴豆，无论是生食还是烤食，都会引起肠胃胀气和疼痛；如果兵豆有壳，它就会收缩，成为泻药。羽扇豆是这些豆类中对人体伤害最小的。

所以如果提奥奇尼斯想要放屁的话，也许他应该吃鹰嘴豆。实际上，这位作者并不是很善于观察。在所有的豆子中，羽扇豆是水苏糖——一种能产生气体的低聚糖——含量最高的豆类。

真正的希波克拉底，或者说撰写这个养生法的人，有点神秘。“羽扇豆的本质是厚重和发热，但通过制备，它们变得比自然状态更清淡、更寒凉，并通过粪便排出体外。”厚重的口感可能与高蛋白质含量有关，发热和寒凉作用是指产生调节身体健康的体液的能力。

医生们的担心可能源于观察到吃羽扇豆后中毒死亡的牛。当然，同样的事情也可能发生在人类身上。然而，他们很清楚浸泡可以排出毒素的过程很漫长。基蒂翁的哲学家芝诺通常是个守口如瓶、令人讨厌的斯多葛学派哲学家。有一天，人们发现他喝了大量的葡萄酒后，心情非常愉快。当被问及发生了什么事时，“他回答说，他经历了和羽扇豆一样的过程；因为未浸透以前，也是苦的。浸透以后，它们变得甜美而温和”。

哲学家和豆子之间的联系确实令人困惑，我们将在毕达哥拉斯和他对蚕豆的禁令中进一步看到这一点。这一定让人们觉得很好笑，讽刺作家卢西恩也曾嘲讽过他。在“一个真实的故事”中，卢西恩在圣岛上逗留，在那里遇见了他的偶像荷马。因为种种恶行，卢西恩被逐出了圣岛，但只要他遵守这些戒律，他总有一天会被允许回来：“不许用刀刃搅动火，不许吃羽扇豆，不许和18岁以上的人发生性行为。”这些都是对毕达哥拉斯禁令的拙劣模仿，在这种情况下，羽扇豆看起来相当可笑，因为哪个头脑正常的人会想要吃它们呢？希腊人在执行最后一项命令时会发现什么困难呢？

除了用作牛的饲料或穷人的食品，西方的传统显然对羽扇豆没有什么用处。但是那些拥有本地羽扇豆物种（它们在盖丘亚语中被称为塔维）的印加人呢？与驯化相对较晚的地中海物种不同，前印加人早在公元前2000年就驯化了他们的种群。更不可思议的是品种的发展，当地的羽扇豆可以生长在海拔数千英尺的干燥贫瘠土壤中，并在极端寒冷的环境中存活下来。与土豆、藜麦和玉米一样，塔维也是生活在安第斯山脉的人的主食之一，经常与土豆轮作以改良土壤。塔维含有高达50%的蛋白质，同时赖氨酸含量也很高，因此与玉米和奎奴亚藜麦搭配可以制成营养丰富的美食。

在被西班牙的皮萨罗征服之后，包括豆类在内的来自旧大陆的作物被引进安第斯山脉地区，许多本土植物仅供土著居民或偏远地区食用。因此，这里也产生了一种对羽扇豆的污名，认为羽扇豆是贫穷的土著居民的食物，尽管原因显然与西方截然不同。在古印加首都库斯科，塔维仍被广泛食用，但在该地区以外，它几乎完全不为人知。塔维的种子被用于各种令人惊讶的场合中。它被做成奶油汤，被放入炖锅中，甚至还有用塔维粉和木瓜汁混合在一起制成的橙色奶油冻。这种粉还被用于给学生补充营养，延长面包的保质期并提高蛋白质含量。

具有讽刺意味的是，西方传统认为，用野豌豆和羽扇豆等劣等的豆子作面包的添加剂，是一种有害的做法，只有极度贫困的农民才会想到这样做。在17世纪的阿尔萨斯，梅尔奇奥·塞比兹乌斯指出，他听说过羽扇豆被当作药物，但从未被用作食物。“但毫无疑问，在饥荒时期，饥饿的魔力会迫使人们将目光转向更多苦涩、有害和不健康的”食物。几个世纪前，普拉蒂纳认为羽扇豆是一种治疗儿童蠕虫的良药，对治疗梗阻也有好处，但“它很难消化，会产生寒凉和不利的体液”。

由于有这样的说法，羽扇豆便在西方的烹饪记录中完全消失了。这并不意味着普通人会避开它们。它们继续被当作零食得到普遍食用，尤其是在意大利的流行集市上。事实上，这就是现在羽扇豆流行的起源。在美国，人们可以在意大利杂货店货架上的罐子里找到羽扇豆，也可以在普罗旺斯的橄榄混合物中找到。尽管它们可能有点贵，但人们并不会完全把它们称为美食。相反，它们是人们因怀念故乡而食用的传统食物，也是希望体验简单、地道的乡土美食的冒险家会选择的食物。因此，今天人们吃羽扇豆的原因与过去人们不吃羽扇豆的原因完全相同——它们是属于乡下人的传统食物。

撇开怀旧不谈，羽扇豆作为一种新作物有着巨大的潜力，甚至有朝一日可能与大豆匹敌。自从20世纪30年代的德国植物学家R. 冯·森布施选育出所谓生物碱含量低的甜味品种以来，这种愿望越发变得现实。作为一种饲料作物，它们仍然生长在东欧和美国，在澳大利亚西部和南非更是大量种植，但显然这种植物的潜力尚未充分挖掘，完全不含生物碱的品种有待进一步培育。总有一天，我们的世界会重新认识羽扇豆。

第四章 蚕豆：欧洲

饥饿会让豆子变得香甜。

——拉丁谚语

蚕豆是体形最大、质地最坚硬的豆子。因为它没有可以抓住其他植物的卷须，所以它是一个“独行侠”，必须用强壮有力的茎秆支撑自己。独特之处在于，它的种脐位于顶部狭窄的末端，而不是侧面。它的质地也很坚硬。鲜食蚕豆毛茸茸的巨大豆荚和坚韧的种皮使其成为加工过程中劳动密集程度最高的豆子之一，难怪它经常被用来喂马。干燥后，它可能是最难烹饪的豆子之一。但是，它的适应性很强，是少数几种能忍受霜冻的植物，所以可以在北欧种植。这种对不同气候的广泛适应性使得它不仅可以在干旱的中东和非洲种植繁衍，而且可以成为几乎所有地方的冬季或春季作物。令人惊讶的是，中国种植了地球上大部分的蚕豆，但在大多数地区，种植面积都在缩减，转而种植大豆、玉米和其他粮食作物。

虽然这种植物早期是在新月沃地被驯化的，但蚕豆（*Vicia faba*）的起源尚不清楚，它的野生祖先可能已经灭绝了。它最接近的野生近缘种纳邦蚕豆（*Vicia narbonensis*）和伽利略蚕豆（*Vicia galilea*）具有不同数量的染色体，都不能与蚕豆杂交，这表明它们都不是蚕豆的祖先。就像玉米一样，蚕豆在驯化过程中已经发生了彻底的改变，以至于种子无法自主扩散，必须依赖人类繁殖。也就是说，如果没有种植，蚕豆将不复存在。

最古老的蚕豆在巴勒斯坦地区北部古城拿撒勒附近的一处公元前6500年到公元前6000年之间的考古遗址中被发现，该遗址保存了大约2 600粒完好的蚕豆，由此表明它们经过了收集和储存，但这些也可能是野生蚕豆。奇怪的是，在其他地方同时期的考古遗址中并没有发现蚕豆的记录，而下一处发现蚕豆的考古遗址则要等到几千年后才出现。蚕豆究竟是在何时何地被驯化的完全是个谜，它们突然出现在公元前3000年的青铜时代遗址中，分布在西班牙、葡萄牙、意大利北部、瑞士、希腊以及中东等地。有人认为，在西班牙和以色列周围，蚕豆可能经过了独立驯化，但它们很有可能是从新月沃地向四面八方传播，并成为古代世界中最重要的豆子。在1492年之前的欧洲文本中，bean一词几乎总是指蚕豆。

关于蚕豆在古埃及的地位究竟如何则存在分歧。最著名的古典作家希罗多德认为埃及人不会种蚕豆，甚至连看也不看它们。但这可能指的是牧师，据说他们不吃蚕豆是因为蚕豆是被用来祭祀的（拉美西斯三世向尼罗河神祭祀了11 998罐去皮的蚕豆），或者因为这被看作是牧师有意识的自我克制的一种手段。普林尼声称牧师不吃蚕豆是因为它会使感官迟钝，甚至导致失眠。毫无疑问，普通人会吃蚕豆，甚至在一些墓穴里也发现了蚕豆，据说早在第十二王朝就出现了。

蚕豆一直是埃及历代统治时期的主食，包括波斯、希腊、罗马和穆斯林。中世纪的《日常食物描述书》于1373年在开罗编纂，里面收录了许多有趣的食谱，其中一些是专为病人，以及修道士或基督徒在大斋期准备的食物。也就是说，这些食谱中不含肉。例如，薄肉片锅馅饼需要在锅里分层铺上洋葱、胡萝卜、蚕豆和茄子，上面撒上香菜，并用醋和穆里（一种咸的发酵大麦酱）浸泡。然后将其煮沸，加入橄榄油和芝麻油，再和饼一起吃。还有更简单的食谱，如塔里达（一种阿拉伯汤），把蚕豆同面包屑、香料、柠檬、核桃和酸奶混在一起即可。

埃及人至今痴迷于吃蚕豆，据说蚕豆仍然是当地穷人的主要蛋白质来源。埃及炖豆（ful medames）被认为是埃及的国菜，据说在古代的象形文字中都有记载。ful这个词显然直接源于古代语言，而且在科普特语中，medames的意思是

“埋葬”，可能是指最初的烹饪方法，即在地下慢慢地用热火灰烬加热。科普特语是埃及早期基督徒所说的语言，也是与古代语言的唯一联系。埃及炖豆与扁面包一同组成了当地人的早餐，它通常只是用大蒜、橄榄油、柠檬、孜然和蚕豆一起慢慢煮熟，有时也会加西芹。这些蚕豆既可以是整粒的，也可以是捣碎的，还可以和切碎的煮鸡蛋一起食用。在埃及，吃这道已经延续了数千年的菜肴不仅仅是传统，而且似乎也是一种有意识的民族主义行为。埃及炖豆是现代埃及人的一种身份表达，既能帮助当地人抵制当代早餐食品的冲击，也成为一种让他们记住自己是谁的方式。

耶路撒冷的犹太法典《塔木德》中也提到了一道类似的菜肴，通过在坑里加热慢慢煮熟来制作。它通常被称为“哈明”（hamin），或者被当代德系犹太人称为“霍伦特”（cholent），是专门为安息日设计的食物。由于星期六的安息日不工作，也不能点火，所以必须准备一些可以在星期五日落前慢慢煮几个小时的东西，第二天不用劳动就能获得一锅现成的食物。如今，霍伦特由来自新大陆的菜豆、肉和大麦制成，并且具有成为有史以来最美味和最令人满意的菜肴的潜力。19世纪德国诗人海因里希·海涅称它为神圣的食物：“霍伦特是天堂的食物，由上帝亲自指示摩西在西奈秘密准备。”

当然，霍伦特最初是用蚕豆制作的，可能更接近埃及炖豆。这道菜随着犹太人的旅行而到处传播，东至非洲北部的伊拉克，西至西班牙。在西班牙，这道菜被称为“阿达菲娜”（adafina），用鹰嘴豆制成。adafina是希伯来语，意思是“压到墙上”，显然是指烤箱用湿黏土密封以保持热量的方式。我们将在中世纪的西班牙背景下谈论这个话题，以及为什么如何烹饪鹰嘴豆是确定秘密犹太人的可靠方法，但就目前而言，《塔木德》或《米什纳书》中几次提到了哈明，特别是可以使用的燃料种类。出于某种原因，粪便和泥炭很明显不被允许。但是可以使用羊毛和羽毛，虽然很难想象它们闻起来会有很好的味道。加入鸡蛋也是《塔木德》中讨论的问题，整个带壳的鸡蛋都会被扔进锅里煮上几个小时，直到变成棕色并散发出难以形容的芬芳。西班牙系犹太人也有一道称为汉密尔顿蛋（huevos haminados）的菜，会将鸡蛋单独烹饪数小时，有时加入洋葱皮一同烹饪，直到变成棕色，带有烟熏风味。

回到远古时代，我们不应忘记豆子对以色列人的重要性。当大卫在旷野处理儿子押沙龙的叛乱时，收到的食物是小麦、大麦、麦面、炒谷、豌豆、兵豆、蜂蜜、凝乳、羊和肥牛（《撒母耳记下》17：28）。这些恰恰都是新月沃地农业产出的主要食物。

这些也是当时古希腊的主食。荷马通常对烤牛和适合战士英雄的食物感兴趣，但在描述战争时，他也让豆子溜了进来：“在打谷场上，人们看到强风吹起时黑皮豆或鹰嘴豆从宽阔的簸箕中跳下来：就像苦涩的箭头射在梅内洛斯闪亮的胸甲上弹起来一样。”除非每个读者或听众都准确地理解筛豆的过程，否则荷马肯定不会使用这种比喻。

在毕达哥拉斯对豆子的禁令问题上，可能比任何其他古老的食品问题都花费了更多的墨水。这在一定程度上是因为除了那条著名定理以外，毕达哥拉斯的著作并没有流传下来，只有他的追随者和诋毁者才会揣摩他的动机。人们对他饮食的兴趣也源于他所谓的素食主义，事实上，“毕达哥拉斯”（Pythagorean）这个词的意思就是素食，而“素食主义”（vegetarian）这个术语直到19世纪才被创造出来。拉尔修、波菲利、扬步力克斯的解释比毕达哥拉斯晚了800年。普鲁塔克也讲述了他避免吃肉的理由，即源自轮回的想法，也可以说是灵魂的轮回，因为他在埃及、波斯，甚至是在印度——另一种支持转世的古老文化地区逗留过。毕达哥拉斯和佛陀几乎是同时代人。所以在逻辑上就是：假如一个人可以转世为一头牛，那么当你吃牛排时，有可能吃的就是他的蒂莉阿姨。有一种说法是，毕达哥拉斯甚至认出了一个老朋友转世为小狗。

来自希腊萨摩斯岛的毕达哥拉斯出生于公元前570年左右，他对波利克拉特斯的暴政感到不满，最终在位于现代意大利南部、属于大希腊联邦的克罗顿建立了一个反主流文化公社，据说吸引了大约300名追随者。在那里，他们推测数字的普遍真理（因此与几何学产生联系），弹奏吉他（弦的八度音阶反映了球体的宇宙音乐），吃蔬菜、蜂蜜、面包，根据波菲利的记载，他们还会吃鱼（这种情况千载难逢）。这种素食主义并不是出于对动物福利的关注，而是因为人们普遍抵制暴力，尤其是希腊国家公共动物协会正式批准的那种暴力行为——公共动物祭祀（或多或少是由国家谋划的烧烤），当然还有战争。与20世纪嬉皮士公社相比，这些记录并不是太牵强。

但对于豆子的神秘的禁令是从何而来的呢？通常，就像在印度一样，豆类是素食者的主要食物。在毕达哥拉斯的追随者中，禁令相当严格，甚至连穿过开花的豆田都是被禁止的。一种说法是毕达哥拉斯在被敌人追击时遇到了生死危机——他拒绝穿过豆田逃跑而因此被捕。在扬步力克斯的版本中，是他的追随者被追赶到田野的边缘，直到最后被杀，这名叫作提米查的孕妇，宁可咬掉自己的舌头也没透露禁令的秘密。最简单，也许是最合理的解释是他们将蚕豆视为整个生命轮回周期的一部分，能够容纳人类的灵魂。因此，吃蚕豆就是谋杀的一种形式。这是瓦罗的解释。也有记录表示：吃蚕豆就是啃自己父母的头。

其他的解释同样有的崇高也有的荒谬。人们常常读到，毕达哥拉斯的观点实际上意味着他的追随者应该远离政治，因为豆子是用来投票的。白色的豆子意味着同意，黑色的豆子代表着反对。因此，他并没有说过任何关于吃豆子的话。事实上，一些现代学者声称，这一评论更直接地是对民主的拒绝。由于毕达哥拉斯学派支持寡头政治，即少数人的统治和最佳的任命规则，因此他们拒绝民主选举制度。

更确切地说，毕达哥拉斯关心的是纯粹的神秘思想，众所周知，肚子里的咕噜声和肠胃胀气显然与哲学格格不入。在亚里士多德的一系列理由中，有一条是“因为它们是有害的”，这可能意味着豆子会损害健康，不利于清晰的理性思维。在古代医学理论中，健全的头脑只能存在于健康的身体中，不受像放屁那样的物理扰动的影响。其他人则认为，这是一项禁止暴饮暴食和美食的禁令，因为豆类实在是美味，以至于会诱使追随者过量食用。我们不会反对这一假设，但毕达哥拉斯也可能会禁止任何其他美味的食物。

同样可信的观点是，只需发挥一点想象力，就会注意到豆类从侧面看起来在某种程度上类似于女性的性器官。这一概念似乎合情合理。烤过的蚕豆（在希腊，这是一种常见的处理方式）不仅变脆了，而且会裂开，与阴唇的相似之处也变得不那么可笑了。因此，它被视为造物的象征，也许还是灵魂的承载者和生命的门户。有人提到这是毕达哥拉斯的魔法，正如波菲利所言，他在罐子里种了一些蚕豆，90天后，它们看起来就像是阴道。在另一个版本中，它们变成了人头——大概是一个灵魂在转运中被捕获，最终只是部分转世。

亚里士多德解释说，豆子就像睾丸，他还补充道，豆子就像地狱之门，是唯一没有关节的植物。因为豆秆是空心的，没有茎节，因此充当了从阴间来的楼梯井，是交换灵魂的手段。实际上，它被专门比作“梯子”，如果你曾经看到蚕豆的豆荚从植株上水平伸出的样子，就会明白这么说的道理——它的确像一架梯子。这就解释了为什么人们不愿意穿过豆田践踏茎秆，并且禁止采摘“梯子”上的豆荚。亚里士多德也声称，之所以要避免吃蚕豆，是因为它拥有和宇宙相似的形态——这或许是对它的再生能力的一种含蓄的暗示。还有一个更奇怪的观点，认为一粒被咬碎的蚕豆会在阳光下散发出精液或被谋杀者的血液的味道——这种气味一定与普通血液不同。无论如何，所有这些概念都指向同一个观点——蚕豆是人类在灵魂的伟大轮回中的某种过渡形式。

所有这些断言都有一定的逻辑。在希腊语中，豆子这个词就是kyamos，它可能与动词kyein有关，意思是膨胀起来。如果指的是胀气，那就说得通了，但豆荚本身也像孕妇的肚子一样膨胀。日耳曼语Bohne（指我们的蚕豆）可能来自bhouna——膨胀的东西。fava（蚕豆）这个词也可能从bhabha而来，同样也有“肿胀的圆形”的意思。在大多数印欧语言中，豆子似乎与怀孕和再生有关。因此，豆子是生育力的有力象征，甚至在阿提卡，人们信奉一位名为库阿弥忒斯的豆神，他与厄琉西斯秘仪和俄耳甫斯教秘密宗教仪式有着某种联系。他的神龛是在从雅典到依洛西斯的道路上被发现的。

如果说豆子是再生能力活生生的象征，它也可以解释为什么古代作者声称它们是一种催情剂，还可以解释为什么牧师不会吃豆子，因为他们不想由于性欲而分心。奇怪的是，这与胀气也有关系。pneuma意为空气、呼吸或灵魂，在拉丁语里也指动物，是生命的基本原理，在胃中以气体的形式产生，就像它在生殖过程中被转移一样。这也解释了为什么像普林尼这样的作家会认为胀气和性欲之间存在着某种奇怪联系。换句话说，吃豆子不仅会让你放屁，还能帮助你怀孕。豆子实际上包含再生力。因此，根据你的生活方式，你可能想要吸收灵魂在轮回中的力量，或者像毕达哥拉斯学派一样，避开它们，过一种非暴力的生活。

现代科学和人类学提供了另外一个最新解释。在一些具有地中海血统的人中，有一种被称为“蚕豆病”的遗传缺陷病，这些人的红细胞中缺乏葡萄糖-6-磷酸脱氢酶（G6PD）。患者进食新鲜蚕豆后，会出现红细胞突然受损并导致急性溶血性贫血，甚至呼吸花粉也有可能导致这些症状——这再次解释了为什么人不能穿过蚕豆田。在任何一种情况下，蚕豆病都可能导致虚弱、疲劳、黄疸甚至死亡。这种疾病十分罕见，患者以小男孩为主，但在意大利南部地区也并非闻所未闻，毕达哥拉斯正是在那里建立了他的公社。遗憾的是，同时期的古代医生对这种疾病的描述非常少。也正是因为这种疾病过于罕见，以至于即使毕达哥拉斯目睹了一个奇怪的案例，也不太可能全面封杀这种食物。按照这种逻辑，毕达哥拉斯理应列出许多潜在有毒的食物，而这显然不是禁食肉类的目的。

毕达哥拉斯把蚕豆当作灵魂转运工具的概念可能还有另一个简单的解释。古代的评论家没有提到这一点，但是在豆科植物根部形成的根瘤中，发生了一些神乎其神的事情。当豆科植物的根部被根瘤菌（rhizobium bacteria）侵染（rhizo意为根、生物、生命）后，会形成很小的厌氧室。在这里，细菌与植物形成共生关系，一起茁壮成长。被根瘤菌侵染的植物可以利用那些由根瘤菌从大气中吸收氮气后转化成的硝酸铵，而植物与根瘤菌共同作用产生的蛋白质可以消耗掉根瘤中的氧气，使根瘤菌存活下来。这种蛋白质被称为豆血红蛋白，其功能与血红蛋白在我们的血液中的作用非常相似。在人体中，血红蛋白能使氧气与铁结合，供我们的身体在细胞呼吸中使用。此外，如果割开根瘤，会发现它呈红色，就像血液一样。毕达哥拉斯由此得出结论：是同样的生命力量在豆类和人类中发挥作用。他的观点完全正确。在另一种意义上，如果我们认为灵魂是化学的，而不是神秘或非物质的，那么维持生命的氮就能够实现“转世传递”。也就是说，氮确实会从根瘤菌和豆子中循环到吃它们的生物体内，最后传递到吃动物的人类身上。虽然毕达哥拉斯为什么会想要打破这条因果链仍然是个谜，但它确实与佛教思想类似，所以也有一些人认为毕达哥拉斯是从佛教中得到的灵感。

我们可能永远不会知道为什么毕达哥拉斯禁食豆类，毕竟在古代世界的其他地方也发现了类似的禁令，而豆类含有灵魂的观点似乎是最合理的解释。然而，这并不是要淡化古代社会对蚕豆的压倒性偏见。抛开所有其他的因素，在当时的人们看来，蚕豆作为一种穷人才会吃的食物，吃上一口就会变得像穷人一样，因为任何能负担得起肉食的人都会吃肉。亚历克西斯引用了一段阿忒那奥斯的对话，在对话中，一位女士抱怨她贫困的生活和她的三个孩子。“当我们一无所有时，我们发出哀号，我们的肤色因缺乏食物而变得苍白。”如果他们能吃上晚餐，就会得到蚕豆、羽扇豆、绿叶蔬菜、萝卜、野豌豆和一些包括蝉在内的其他奇特食物。

还有些希腊人也拒绝吃豆子，但有时会将豆子作为餐后的小食。希腊西西里岛杰出的美食家阿忒那奥斯在大约公元前330年创作的作品以碎片形式在雅典城的废墟中保存了下来，这些作品中就各种烹饪主题提供了生动的建议，例如在哪里可以找到最好的鱼和各种面包，为此他推荐了环地中海地区的各种资源。通常，他更喜欢调味简单和新鲜的食物，但在一个讨论餐后小食的片段中，他赞同用孜然、白醋、串叶松香草汁来煮母猪的子宫，还提出可以食用烤过的禽类。但是，“所有的这些都是贫穷的象征，和煮鹰嘴豆、蚕豆、苹果及无花果干一样”。吃这些低劣的食物就好像生活在地下，可以和地狱深渊之神塔耳塔洛斯的无底洞相媲美。

在罗马人中，豆类也被认为是低等的食物，尽管这并不总是一种负面的联系。农业专家科鲁迈拉认为工匠吃豆子，普林尼和贺拉斯声称农民以豆子为生，马提亚尔也提到建筑工人吃豆子。在马提亚尔的讽刺诗第五卷第78页中，他讲述了自己邀请一个朋友去吃一顿简餐的经历。他承认，他买不起高档奢侈的食物，也付不起跳舞的笛子女郎的费用，但他可以提供韭葱、一些煮鸡蛋、卷心菜，以及灰白的蚕豆配粉色的肥猪肉（一种腌制的猪肉脂肪）。因此，在这首自嘲的诗中，最能清楚地表达他高贵且贫困的身份的食物就是豆子，不仅仅是蚕豆，还有热鹰嘴豆和不温不火的羽扇豆。“这是一顿微不足道的饭，谁能否认呢?”一个人可以靠着这些糟糕的食物过上高贵的生活，总好过当你不得不向一些富人讨好后才能享受奢侈品的生活。

在很大程度上，朱文诺的第十一讽刺诗将罗马帝国奢华和昂贵的盛宴与简单的本土菜肴作了对比。他惊叹道：“今天你就会发现，我的好朋友巴斯奇，在生活中，我是否会为了我所有美丽的格言而活着；我是否会推荐豆子，但以鹅肝酱为生；我是否会在本想给孩子小蛋糕时，却把玉米糊给他。”他建议的食谱中采用的都是简单朴实的食物：小山羊的嫩里脊肉、山芦笋、新鲜的鸡蛋和当地的水果。同样，尽管豆子仍然与朴素的乡村生活联系在一起，但在他的食谱里却被视为真正的食物，味道很好。朱文诺认为，虽然有钱人吃着用各式各样的调味品烤出来的野鸡和火烈鸟，但他们用餐时并没有感到快乐。在过去的日子里，罗马人满足于吃豆子这样丰盛却简单的食物。

因此，豆子被视为一种简单的传统食物，而不仅仅是与贫穷有着完全消极联系的食物。蚕豆也在罗马宗教节日中占有一席之地。在意大利中部地区，豆子通常在5月底收获完，因此6月1日会被称为“豆子日历”来庆祝，收获的新豆则被用于神圣的仪式。豆类粗粉或节荚也被烘焙成蛋糕，并用作祭品。在5月中旬，还有一个叫作“幽灵节”或“利莫里亚节”的节日，通过扔豆子的仪式来安抚流浪的灵魂。在家里，这个家庭的父亲在午夜赤脚走出去，一边敲打罐子，一边把豆子扔到肩上，并说九遍“我祖先的影子，离开”。在这个仪式中，豆子和它们所包含的灵魂能够代替那些可能被鬼魂抓走的家庭成员，以期鬼魂通过吞噬豆子中包含的灵魂而获得满足。值得注意的是，这个节日后来在7世纪初被改为全部圣徒的节日，最初是在5月13日，后来才与凯尔特人的假日相合并，成为我们现在庆祝的万圣节（全圣之夜），算是它曾扮演驱除愤怒鬼魂角色的一个苍白阴影。

蚕豆也将它的名字借给了古罗马最受尊敬的贵族家族之一费比乌斯（Fabius）家族。就像浪漫小说的封面上总会出现男超模一样，当你听到法比奥（Fabio）这个现代名字时，就应该预料到他的名字其实是蚕豆的意思。费比乌斯家族的人担任过领事，还是战斗英雄——费边·马克西姆曾对阵过汉尼拔。但为什么一个古老的贵族家庭会以卑微的蚕豆为名呢？他们当然不是那些乌合之众的普通朋友。这种联系似乎更多是与古代的主要农作物和罗马人的虔诚有关。尽管罗马人拥有财富和权力，但他们还是喜欢将自己视为性格坚强的农民。换句话说，这个名字算是一种营销策略，开国元勋的后代用它来回忆罗马社会的原始根源。除了蚕豆家族以外，还有豌豆（pea）家族和鹰嘴豆（chickpea）家族，其中最著名的成员就是律师兼政治家西塞罗（Cicero）。

富有的罗马人也会吃蚕豆，这一点在阿皮修斯的手稿中为数不多流传下来的食谱里也得到了有力证明。尽管准备工作并不简单，但这些食谱表明，即使在最奢侈的烹饪书中，豆子也占有一席之地。奇怪的是，有两个豌豆/豆子食谱以维特里乌斯命名，他是古代世界最臭名昭著的贪吃者之一，在他之上还有埃拉伽巴路斯，当然也包括阿皮修斯本人。众所周知，维特里乌斯会在祭祀期间从祭坛上抢夺祭品。或许烹饪书的汇编者仅仅是在菜谱中附上了著名美食家的名字。不管怎样，这让人多少了解了富人食用蚕豆的方式，即奇怪的豆子泥或豆酱。

维特里乌斯豌豆或蚕豆

将豌豆煮熟并捣烂。碾碎胡椒，准备好拉维纪草（一种独活草）、姜和调料、熟蛋黄、3盎司蜂蜜、鱼露、葡萄酒和醋。将所有食材放入锅中，加入压碎的调味品和油一同煮沸。往豌豆泥中加入调料，混合至口感光滑，加入蜂蜜后即可食用。

另一个版本的菜谱中则使用未捣碎的蚕豆或豌豆、韭葱、香菜、香草和香料。虽然主要成分相当简单，但其处理方法，特别是风味的对比，即香料和甜味、香草、鱼露和酸醋的相互作用，使这个菜谱成为古罗马精英品位的一个有力佐证。

罗马人把豆子同朴素和虔诚联系在一起，随着罗马帝国的衰亡，这些联系也一并消失了。总的来说，农业和地中海饮食——一排排整齐有序的谷物、葡萄园和橄榄园——让位于一种更为荒凉的生存方式。日耳曼部落、西哥特人和东哥特人，带着喷漆罐来到这里的汪达尔人，以及最终的法兰克人，都忽视了由严格有序的大农场主或大型奴隶主经营的庄园，并从森林和牲畜中获取食物。他们让猪在树林里狂奔，吃牛群提供的肉和奶制品，还猎杀猎物和野禽。这是饮食变化的过程中一个过度简化的画面，但在中世纪早期，耕地的确和人口一样都在萎缩。伟大的罗马贸易网络也崩溃了，迫使人们消费当地种植的农产品。正是出于这个原因，查理曼大帝在他著名的《庄园法典》里不得不命令整个帝国的农民种植各种作物（包括鹰嘴豆和蚕豆），以便他的军队在经过时就可以获得准备好的食物。

在这些年里，受到基督教的影响，豆子在欧洲的含义也发生了变化。虽然在早些时候，对于人们在什么时候应该禁食并没有统一的规定，但到了公元325年的尼西亚会议上，规定了将复活节前的40天时间作为信徒自己斋戒及祈祷忏悔的日子。这个时期的盎格鲁-撒克逊语Lent（大斋节），仅仅表示春天。虽然对于“禁食”的确切含义有不同的解释，但它意味着完全禁止食用所有肉类和相关产品，如鸡蛋和奶制品。星期五也被定为斋戒日，因此天主教徒一直有在星期五吃鱼的习俗。鱼，特别是鳕鱼干——一种十分坚硬的干鳕鱼——与腌制鲱鱼一起成为大斋节的经典食物，对那些远离海岸的人尤其如此。富裕的基督徒买得起更昂贵的鲜鱼，如鲟鱼和鲑鱼等奢侈食材，甚至还能获得鲸鱼和海豚等海洋哺乳动物，而且在获得教皇批准后，他们还能购买其他类型的海洋生物，如角嘴海雀、海狸尾巴和藤壶鹅，据说这些动物是从真正的藤壶中孵化出来的。对于那些不那么虔诚，又相对富裕的中世纪餐厅和个人来说，获得所有这些大斋节的食物都不算什么困难，甚至可以在这些规则的默许下在整座城镇中购买食材。

对于穷人来说，大斋节是一个更加艰难的时期。秋天丰收的粮食已经在整个冬天被耗尽，春天的庄稼却还没长出来。在这一时期，家里所有剩下的肉通常以火腿和香肠的形式保存下来，突然间，这些肉不得不在一个叫作狂欢节的节日里被吃掉。“狂欢节”这个词似乎与肉制品或肉类存在着某种联系。这是一个天翻地覆的节日，村民们戴上面具并嘲笑他们的上级，举行模拟婚礼和审判，每个人都为这个星期二——又称肥美星期二或狂欢节——疯狂。人们之所以能容忍这种混乱，只是因为在今年余下的时间里，正常的社会秩序得到了恢复和加强，狂欢节由此发挥着安全阀的作用。

狂欢节的盛宴一结束，大斋节的严苛时期就开始了。对那些贫苦的农民和城镇居民来说，还有什么可吃的呢？如果你有钱，可以买到鳕鱼干，但是比所有其他食物更多的就是豆类——便宜，且充满营养。从中世纪到现代早期，与豆子联系得最持久的不仅是大斋节的节俭，还有贫穷。人们只需要回忆一下《杰克与魔豆》的故事就能理解了。为了生存下去，这个贫困的家庭被迫卖掉家里的奶牛，头脑简单的杰克用它交换了有“魔力”的豆子。每个人都知道这是一笔非常糟糕的交易。只要喂了牛，牛就会提供牛奶，相比之下，豆子只是一顿微不足道的饭——除非种下它们。但事实证明，它们真的很神奇——巨大的豆蔓伸入云层，爬上去的杰克发现了巨人、财宝、一只会下金蛋的鹅、一把会歌唱的竖琴等等。故事的结尾，农民梦想成真：家庭变得富裕，弱小胜过强大，穷人超过了富人。不难想象，为什么这个故事会吸引普通的农民。这种事情从未在现实生活中发生过。这个故事也有一个隐藏的寓意，但随着时间的推移，寓意逐渐淡化，最终变成了一个儿童故事。豆子虽然看起来没有什么价值，但确实充满神奇。它们蕴含着生命的再生力，能够维持人的生命，但前提是它们必须被精心地保存和种植。你可能得不到像杰克那样的魔豆，但是只要努力耕耘，豆子就可以拯救穷人。

人们往往认为豆子与贫穷之间的联系是负面的，但如果你的整个生活目标就是有意识地实现个人贫困，就像在苦行僧中那样，那就不会产生这样的想法。在早期的修道院群体中，肉类被认为是一种不必要的奢侈品，这种食物会分散虔诚者的注意力，因为它会使身体发热，产生过量血肉，剩余的营养物质则转化为精子，从而激活性欲。对禁欲者而言，这是需要不惜一切代价避免的事情。努西亚的圣本笃在他制定的西方修道院制度创建文稿中，详细描述了一种适度的节制，尽管如此，他明确规定，除了身体非常虚弱的人，任何人都不应该在任何时候吃肉。在后来的群体中，加尔都西会是非常严格的素食者。所以豆类必然成为这类饮食中的主食。这并不是说，所有的修道士都很节俭，事实上恰恰相反，由于他们中的许多人都来自贵族阶层，他们因为虔诚的恩惠而变得富有，拥有广阔的土地，吃得非常好，正因为如此，新的修道教会才不断地建立起来，并再次强调他们的贫困。圣方济各也许是有意识地模仿耶稣的最好的例子。他放弃了所有的私人财产，到处乞讨，对明天的生活毫不担忧。甚至有人说，出于这个原因，从字面上理解《圣经》文本，他的追随者不会按照惯例在前一天晚上浸泡豆子，而只会在食用豆子的当天浸泡豆子。他们也不会接受超过能够支持一天生活的施舍。

蚕豆，尽管与贫穷有关，但它还是成为中世纪的主流饮食之一。同时成为主流饮食的还有各种其他豆类，如野豌豆、豌豆和所谓的菜豆。在当时的背景下，这种菜豆显然不是指新大陆的物种，而是指蚕豆属中的某个物种，也有可能是来自非洲的豇豆。原因不难理解。大约在公元1000年之后，欧洲人口开始急剧增长。在300年里，人口数量从3 800万增加到7 400万，几乎翻了一番。这导致了农业的扩张，开始向不太肥沃的土地和山坡上拓展，甚至像荷兰一样从沼泽和海洋中开垦土地。推动这些现象出现的原因很简单——气候变暖了。人类如今对全球变暖的担忧不无道理，但是在整个地球的历史进程中，气候的剧烈波动并非前所未有——尽管现在必须承认，这是人类造成的。在中世纪，气候变暖意味着土壤生产力的提高和生长季节的延长。显然，酿酒葡萄是由英国北部的西多会的修士种植的，令人震惊的是，今天也是这样。粮食的过剩意味着更大的安全保障，尽管经常有作物歉收，但饥荒的频率还是相对较低。更稳定的饮食也意味着人类生育能力的提高，换句话说，更多的食物总是等于更多的人口。此外，与农业创新的结合，例如可以穿过厚重土壤的有壁犁、可以让马匹套在犁上而不被勒死的马颈圈，以及马蹄铁等，都让欧洲见证了一场农业革命。

作物轮作系统的发展也是这个故事的核心。通常情况下，如果年复一年地种植同一种作物，比如小麦，土壤中的养分就会枯竭。为了恢复肥力，必须让土壤休息，或者休耕一个季节。在任何一年中，都可能有三分之一的可耕土地不被耕种。除了休耕，还可以种植豆科植物。正如前文所说，豆科植物的根部有根瘤菌，可以从大气中吸收氮并把它“固定”在土壤中，由此土壤就可以直接种植另一种作物了。和苜蓿一样，这些豆类作物通常可以喂牛，而牛反过来又为土壤提供肥料，进一步使土壤肥沃，此外人类也可以种植豆类作物并直接食用。古罗马人显然理解这一体系，但只有随着古典农学文献的恢复，类似皮尔·德克雷森齐撰写的农业书籍才开始向中世纪的欧洲人解释这一系列操作。著名作家翁贝托·艾柯甚至推测是“豆子拯救了文明”。“到了10世纪，豆类种植开始普及，对欧洲产生了深远的影响。劳动人民能够吃到更多的蛋白质，他们变得更健壮、寿命更长，养活的孩子也更多，并重新繁衍出一片大陆上的人口。”也就是说，中世纪伟大的文明，如宏伟的哥特式教堂、大学以及蓬勃发展的商业和工业都依赖于这些卑微的豆子。

尽管可能有点牵强，但农业历史学家确实认为，从土地集约型的粮食农业转变为与养牛结合的劳动密集型农业的关键点就是豆类的种植。由于不断增长的人口对土地造成压力，对粮食的需求也越来越大，所以这一转变完全合理。虽然谷物仍然是主食，并在大型庄园种植，因此在账簿上出现的频率也更高，但是在小菜园中依然可以找到豆子，并被提供给那些买不起肉的穷人当作食物。肉类是为那些享受中世纪文明果实的人准备的。

毫不奇怪，随着文化和艺术的蓬勃发展，烹饪书也越来越多。当然，这些烹饪书主要是为富裕的家庭准备的，因为他们有能力加入香料和其他昂贵的食材原料。我们可以从豆类食谱的相对稀少中推断出，它们并不被认为是可能提供的更优雅的菜肴之一。在现存最古老的中世纪烹饪书，书写于13世纪的《烹饪艺术》中，就没有包含豆类的食谱，但也没有包含任何蔬菜的食谱。这并不是因为人们从来没有吃过豆类和蔬菜，而是因为它们的做法通常很简单，根本不需要任何食谱。这里唯一提到豆类的食谱是培根鸡肉的配方，其中一个版本要求把培根切成蚕豆大的小丁。显然，厨师们对蚕豆很熟悉，但优雅的食客不太可能会对蚕豆食谱印象深刻。在法国国王查理五世的大厨、绰号泰勒文的纪尧姆·蒂雷尔撰写的食谱《食品》一书中，尽管篇幅不长，但还是提到了一系列“土豆泥”或小浓汤之类的菜肴——意思不是指分量很小，而是指菜的价值不高。这些汤里包括甜菜、白菜、萝卜、韭葱，都是贫困家庭所熟悉的食材，除此之外还有过筛的蚕豆泥或带壳的整豆。没有提供这些食谱是因为“妇女是这方面的专家，任何人都知道怎么做”。也就是说，这些都是普通的低级食物，是来自普通家庭的妇女会做的食物，而对于由男性经营的贵族厨房来说，这些食物有损于他们的尊严。

在《巴黎持家指南》里，我们看到了普通家庭可以提供的各种食物记录，这是一本由年老的专业人士为他15岁的新娘撰写的建议书。这个男人似乎想确保在他死之后，他年轻的寡妻有足够的能力做饭并打理好一所房子，这样她就能吸引一个合适的男人再婚。以下是泰勒文瞧不上的关于蚕豆的精确食谱。作者正在指导他的妻子学习基础知识。例如，他说老蚕豆必须在前一天晚上浸泡，然后倒掉泡豆子的水。用淡水将蚕豆煮熟，再压成豆泥。这一切都是为了去除蚕豆带有的强烈味道。在此期间，还可以在里面添加肉汤和培根，要是在大斋节期间可以加入白开水和油或洋葱汤。这本书中还包括由蚕豆组成的复活节食谱，做法和泰勒文提到的一样。把整豆荚煮熟后捞出，重新烘烤直至裂开，最后放入肉汤或鱼汤中，用炸洋葱和焯过水的新鲜豆叶装饰。还有一些处理新鲜豆类的方法，都很简单家常。这些都是城市家庭食用豆类的一些证据。

另一项关于食物的阶级和种族的有趣记录，可以在15世纪博根海姆的《科基纳登记册》中找到。针对每一份食谱，一位在罗马的德国牧师作者都列出了该食谱应该提供的对象。我们发现了贵族和农民、德国人和英国人、牧师和妓女的食谱。他的蚕豆汤配方值得全文引用：

> 来做蚕豆汤。将蚕豆在温水中清洗干净后取出，让它们浸泡一晚。用淡水煮沸，切好，加入白葡萄酒，然后在上面加入洋葱，拌上橄榄油或黄油，再加一点番红花。这对于洛伦德人和朝圣者来说都非常好。

虽然前往圣地的朝圣者可能很穷，但这里并没有特地与贫困联系在一起，而是与宗教紧缩和出于某种奇怪原因的异端邪说有关。罗拉德派是约翰·威克利夫的追随者，也是马丁·路德在中世纪的先驱，他提倡白话的礼拜仪式和《圣经》，以及后来被新教徒信奉的教义，例如强调信仰而不是工作。他们在15世纪初受到了强烈的迫害，但不一定贫穷，因为其中的一些领导人是贵族。博根海姆之所以认为蚕豆汤对宗教狂热者有好处，可能与宗教纯洁有关——吃简单的普通食物，通过痛苦净化灵魂。这是最简单、最便宜的菜谱之一；其他类似的菜谱，比如萝卜，都是提供给乡下人的。

这个时代的英语烹饪书中也包含豆类食谱。有些类似于上面提到的豆泥，但它们也可以用昂贵的原料来代替，更适合贵族家庭。例如，《英国烹饪》里有一种叫“白骨”的肉汤，在研钵里将豆子捣碎，用杏仁奶、葡萄酒和蜂蜜煮熟，然后用浸泡在葡萄酒中的葡萄干点缀。因此，廉价的豆子被昂贵的进口原料赋予了高贵的地位。更有趣的是来自《食物准备法》的炸豆配方，其语言古老原始，其中符号þ表示th。大意如下：

> 豆子汤。把豆子放在水中浸泡至变软。放入清水洗净。加入酸奶、大蒜；在油中煎，上面撒上面粉。

14世纪早期的加泰罗尼亚《索维的自由》中也包含一个类似的食谱：杏仁奶配嫩蚕豆。蚕豆先在水里煮熟，然后浸泡在杏仁奶中。杏仁奶是中世纪烹饪中最受欢迎的成分，尤其是在大斋节期间。它是通过研磨和浸泡杏仁，然后压榨出浓浓的乳汁制成的。再添加欧芹、罗勒、牛至和其他优质香料调味，如姜汁和未成熟的绿葡萄挤压出的酸果汁。

大致在同一时期，用拉丁语书写的《在准备和烹饪每种食物的路上》很可能是在法国写就的。作者在"食材介绍"中指出，这本书将包括贵族和富人的食物，比如鹦鹉、野鸡和阉鸡等等，但也包括"真正适合那些靠劳动生活的强健男性的食物，比如牛羊肉、咸猪肉、鹿肉、豌豆、蚕豆和大麦混合而成的面包"。其逻辑是，更轻、更白的食物更适合那些消化系统脆弱的人，而只有强壮的工人才有足够的消化热量来分解羊肉或豆类等坚硬粗糙的食物。这是医学文献中的标准观念。但这也是一种几乎不加掩饰的带有阶级色彩的偏见。更便宜的蛋白质是给下层阶级的，而精致昂贵的家禽只适合富人拥有。

尽管如此，书中还是收录了蚕豆食谱。其中一个是将未成熟的新鲜豆子，与杏仁奶、胡椒、生姜、番红花、孜然、肉桂以及又老又硬的蚕豆一起制作。把这些食材都快速煮沸，浸泡过夜，随后在淡水中煮熟直至蚕豆裂开，将它们捣碎后用黄油、肉汤或培根调味。还有一个去皮蚕豆，也就是没有种皮的干蚕豆的食谱。具体做法也是将这些干蚕豆煮熟并捣成光滑的糊状，搭配炸洋葱、切碎的培根或番红花调味。我们或许应该相信作者的话——这些是工人阶级的典型菜肴。

同样在14世纪出现的《烹饪之书》最有可能来自意大利，因为作者指出了他的食谱所来自的所有国家，唯独没有意大利。书中记录了七种不同的蚕豆食谱，另外还有鹰嘴豆、兵豆和“法沙利”的食谱。其中最有趣的是蚕豆花的做法：与新鲜的猪肉一起炖煮，再用打好的鸡蛋和香料增稠，最后把捣碎的肉放回去。也可以与面包和杏仁奶一起烹饪，这大概是大斋节期间的做法，在此期间，人们可能很容易在花中找到蚕豆。其他的蚕豆食谱与上面提到的类似，不过还有一种做法，即肥鱼配干豆汤。

正如人们所料，南欧国家的烹饪书中出现了更多关于蚕豆的食谱，提供了更多的类型。在这里，公众对豆子的社会耻辱感可能没有北方地区那样强烈，但豆类食谱的激增也可能有社会经济方面的原因。奇怪的是，吃豆子的意愿可能与瘟疫有关。1348年，可怕凶残的鼠疫肆虐欧洲，鼠疫耶尔森氏菌通过跳蚤的身体从中亚大草原传到欧洲。在那里，它通过从跳蚤转移到老鼠身上而存活下来。显然，被感染的跳蚤会感到窒息，开始疯狂进食，并且有可能叮咬任何动物，包括人类。问题出在刚刚征服了巴格达的蒙古人身上，而巴格达正好处于通过与欧洲进行香料和其他奢侈品交易实现复兴的贸易路线上。香料贸易并不容易，但老鼠还是沿着商队的路线前进，跳蚤和细菌就一路搭便车去了欧洲。一旦感染了鼠疫（可能还有更严重的肺炎和败血症），患者的腋窝和腹股沟就会出现奇怪的黑色肿块，周围还带有一个红色的“玫瑰花环”，即所谓的红疹，通常几天内就会丧命。据估计，鼠疫的死亡人数达3 500万人，约占整个欧洲人口的三分之一。

显然，这对欧洲经济造成了破坏，完全扰乱了商业和农业。但反过来说，如果你能够幸运地活下来，通常意味着你继承了亲人的财富，而且一般来说，你将获得更多的机会兴旺发达。随着劳动力需求的增加，工资上涨，土地价格暴跌，普通农民的生活大大改善。领主们迫切想要留住他们的租户，所以他们经常提供更好的优惠——很低的固定租金。但这跟豆子有什么关系？随着财富的增加，家庭平均收入的更大一部分可以花在肉类上。食品历史学家常把14世纪后期和15世纪称为肉类的黄金时代。富人和穷人的饮食差别越来越小，就连普通人也买得起胡椒和其他香料。人们不再严重依赖豆子作为蛋白质的来源——事实就是这样，一旦你可以负担得起比豆子更贵的食物，你就不会再吃豆子——它们与贫穷的联系变小了。吃豆子不再是强烈的耻辱，因为为了生存被迫这样做的人越来越少。因此，吃豆子不会被认为是农民才有的行为了，也就是说，一个人可以为了快乐这样做，而不会有社会堕落的风险。还有人可能会补充说，这种对堕落的恐惧在富人中从未如此强烈，人们不可能把一个富人和一个农民混为一谈。但是在中产阶级的人群中，这种恐惧非常真实，直到农民也能经常吃肉。

虽然仅仅是猜测，但这一时期还是出现了大量的豆类食谱，大多数都颇有创意。15世纪由威尼斯匿名作者撰写的烹饪书，恰如其分地被称为《威尼斯之恋》，不仅包括豆类食谱，还区分了蚕豆和白豆（也可能是豇豆）。曼弗雷德国王的嫩蚕豆馅饼做法特别有趣。

> 取蚕豆，洗净后放入优质牛奶中煮，然后沥干水分。取煮熟的猪肚，用刀敲打后和蚕豆放在一起。取甜而浓郁的

香料，再加上番红花，随后放入一个盆里与新鲜的奶酪混合做成面团。把这种混合物放到做好的馅饼皮中间，最后放上甜奶酪片。

这一时期的另一个新配方出现在安尼尼莫·托斯卡诺的烹饪书中，该食谱指示将干蚕豆快速煮熟后沥干，然后在清水中再次煮沸，小心不要让它们烧焦。这似乎是处理没有隔夜浸泡的蚕豆的快速方法。然后用油和炸洋葱一起熬制成浓汤，也可以与胡椒、番红花、蜂蜜和糖等一起熬。此外，“有了这些蚕豆，你可以吃丁鲷或其他鱼类。要知道，有了上面提到的东西，你就可以制作熏肠了”。作者创造了一种以豆和鱼为原料的香肠，可能是作为大斋节期间的肉类替代品。这种食物堪称这个时代最迷人的烹饪发明之一。

和这个不知姓名的作家一样，诺拉的鲁伯特用加泰罗尼亚语为那不勒斯阿拉贡宫廷的统治者写作，其中也有一道菜叫皇家蚕豆。它们基本上是用杏仁奶或山羊奶煮，并配以糖、肉桂和玫瑰水调味——这是一种典型的风味组合。这个食谱实际上解释了如何从一个意外烧毁的锅中获取辛辣的味道——对于这种在繁忙的厨房里经常发生的情况，鲁伯特提供了精确的提示。总之，所有这些都充分证明了15世纪贵族和富裕的家庭对豆类食谱感兴趣。在这些家庭里，豆类食物不是简单地被端上来，而是对厨师提出了挑战，以期找到新的、令人兴奋的服务方式。

没有其他方法可以解释15世纪中叶科莫的马蒂诺为酿蚕豆提供的引人注意的劳动密集型配方。将干燥的豆子浸泡，小心地去除每粒豆子上的皮，注意尽量不要让蚕豆皮破裂。把杏仁、玫瑰水和糖一起碾碎，随后将这些类似杏仁的混合物塞回蚕豆皮中，慢慢加热。最后将这些类似豆子的食材放入肉汤中，加入切碎的欧芹和炸洋葱。可想而知，尽管马蒂诺的主顾们得到的是一道看似相当普通的菜，结果却为这些把戏感到惊喜。虽然不是真正的蚕豆菜肴，但它给人留下了中世纪后期意大利所能享受的各种奇迹的美好印象。也有一些实际的菜谱，其中一种是把碎豆子和洋葱、鼠尾草以及切碎的无花果或苹果混合在一起。这种混合物也可以油炸制成一种蛋饼或豆饼，并在上面覆盖细腻的香料。

最奇怪的是，这些食谱最早出现在1470年左右的印刷品中，由巴托洛米奥·萨基，也就是人们熟知的普拉蒂纳翻译成拉丁文版的《论正确的快乐与良好的健康》。奇怪的是，因为普拉蒂纳从马蒂诺那里借用了这些食谱，他声称马蒂诺是他的朋友，却把这些食谱与自己的参考文献和医学建议古怪地混合在一起。所以在这些食谱的前几页，他写道："蚕豆拥有冷酷的力量。新鲜的蚕豆往往过于湿润从而伤胃；干燥的蚕豆更糟。无论以何种方式食用，都会导致严重的失眠。人们认为，撒上芳香物质，它的危害就会减小。"这并不是普拉蒂纳得了精神分裂症，但反映了任何用餐者面对一盘蚕豆时，都有可能得到相反的建议。“是的，它是一种低俗的食物，但通过优雅的烹调方式，它可能会很有趣。”这位美食家说。而另一方面，医生则会警告你将面临肠胃胀气、消化紊乱和做噩梦的危险。就像今天一样，对食物的一系列相互矛盾的观念令人们感到沮丧，特别是在豆类食品中容易出现混杂的信息，这部分原因在于它们的社会内涵，但同时也是因为谴责豆类的医学传统。

这一传统可以追溯到古希腊和阿拉伯的医学权威。盖伦的一些关键段落被后来的作者摘抄并放大。首先，角斗士吃蚕豆，但蚕豆会使他们的肌肉松弛、软弱无力，而不是更结实。即使煮了很长时间，蚕豆也还是会导致胀气，而且这种胀气会影响全身，特别是当一个人不习惯吃豆子或者豆子煮得不好的时候。这个想法并不像听起来那么愚蠢，因为古人认为胃里的任何混合物（消化的第一阶段）都会通过肝脏传递进入血液，然后融入肌肉甚至大脑，从而产生噩梦。这也是为什么它使肌肉变得像海绵一样柔软，让我们真正变得膨胀。豆汤会导致胀气，但完全煮熟的豆子会更糟。烘烤可以缓解这种情况，但随后它们就变得难以消化。盖伦的忠告是，要食用热的食物和那些容易变稀薄的食物，也就是那些通过切割豆子的粗糙物质来加速消化的食物，可以起到改善作用。这也在一定程度上解释了往豆类菜肴中加洋葱和香料的组合。

这些想法持续了几个世纪，显然得到了人们自己吃豆子的经验的支持。例如，与普拉蒂纳同时代的努尔西亚内科医生本尼迪克特认为蚕豆既冷又干。这意味着它会增加体内寒冷和干燥的体液，即忧郁。因为蚕豆很难消化，也会产生蒸汽——就像一锅煮沸的蚕豆发生的那样，因为胃里的消化也是一种烹饪过程。这些蒸汽上升到头部，使人的精神更加沉重。精神是一种超精致的营养形式，从某种意义上说，它滋养着我们的大脑。经过适当的消化，这些精神轻盈且充满活力，我们的思想也是如此。但是，当胃里充满粗浊、浓稠和未精炼的气体时，我们的想法就会变得混乱，情绪也会变得沮丧，特别是在晚餐之后，会让我们的睡眠受到干扰。约翰·怀特还指出："据说，如果一个有孩子的妇女吃温柏树和芫荽种子，孩子就会变得聪明；相反，如果她吃了很多洋葱、豆子之类气多的食物，孩子将变得精神错乱或愚蠢。"他们认为即使在子宫里，气体也会扰乱人的思想。普洛斯·卡拉纽斯引用拜占庭作家迈克尔·普勒斯的话，即使在豆园里停留的时间长一些，也会使我们的大脑散发出瘟疫般的烟雾，从而导致我们的思想变得迟钝和脆弱。吃蚕豆不仅仅会造成轻微的不适和可能的尴尬，而且会给整个生理机制带来彻底破坏。同样，热草药和芳香剂可以缓解一些问题，但是豆子本身就很危险，最好留给胃部较强的普通人和那些不太关心清晰理性思维的人食用。

当我们进入现代早期的时候，这些观念仍然根深蒂固，并与人们对美食的关注紧密地联系在一起。和以前一样，对富人来说，他们在大斋节期间吃得起昂贵的鱼肉，吃豆子也许是一种新奇现象，但在社会层面上，人们被迫吃豆子，因此它的社会耻辱感依然存在。在16世纪，当人口继续增长、通货膨胀严重、贫富差距又一次使社会差异扩大时，这种情况可能再次得到加强。经常吃得起肉的人越来越少，豆子与贫困的关系越来越密切。这就意味着社会中的中产阶层再次面临堕落到吃豆子的可能。豆类食谱仍然出现在精英烹饪书中，但更多的时候他们专注于新鲜的蚕豆和从新大陆引进可食用豆荚的“绿豆”等等。因为这些食材都具有季节性，由市场园丁供应，所以它们与普通农民的食物不同。此后，对豆类的负面社会影响和医学含义更多地集中在干豆子上，只有最贫穷的人才会被迫食用干豆。

例如，16世纪的医生和数学家吉罗拉莫·卡尔达诺撰文介绍了一个世纪前马蒂诺提到的那种油炸豆饼。他解释了在大斋节期间，它们是如何被努力地煮熟和捣碎，并用油、胡椒和洋葱或韭葱调味，最后被平民吃掉。虽然他承认油炸豆饼的味道不错，但对于好学的人来说，吃这些太危险了，尤其对男孩有害。在此之前，这仅仅是一项专门的医学警告，现在则变成了一项基于阶级的专门禁令。在类似的情况下，巴达萨雷·皮萨内利声称蚕豆“会产生大量肠气，让感官变得愚蠢，并使梦充满痛苦和不安……对乡下人来说，蚕豆在寒冷的天气里很好”。虽然一篇关于沙拉的小论文的作者科斯坦佐·费利奇喜欢蚕豆，但他仍然揭示了许多人的偏见：“……最后，它是人类非常普遍的食物，能够提供大量的营养，即使你粗俗地说你给粗鄙的男人（即体形庞大的男人）吃蚕豆，但它还是给许多人带来好处。”这是他能说出的对蚕豆最好的捍卫之词。

在整个欧洲都可以找到类似的观点。一位西班牙人路多维库斯·农纽斯在今天的比利时写文章讲述了蚕豆的各种危险，那些在豆荚里煮熟的蚕豆“通常是乡下人和平民食用”。在英格兰，托比亚斯·文纳认为，完全成熟的豆类（即干燥的）是最糟糕的，应该被视为“仅供农民食用的肉”。他所说的“肉”是食物的同义词，但对于农夫来说，它确实是我们现代意义上的肉。

关于蚕豆的最奇怪的观点之一是，有人认为它是一种催情药。16世纪末，托马斯·莫菲特在英国撰文写道，蚕豆是一种危害很大的肉，除非在一顿饭的开头或中间配着黄油、胡椒和盐吃。但最好避免吃蚕豆，因为“过多地增加种子食用量会导致疯狂的放荡”。对于独身的修道士来说，吃它们也是如此，虽然这可能是圣杰罗姆禁止修女吃豆子的原因，因为“它们会导致生殖器瘙痒”。这些说法的逻辑部分源于古代权威人士一致认为豆类营养丰富，或许是基于人们对实际生活的经验观察，当然，他们对蛋白质一无所知。因为根据理论，任何营养丰富的食物，无论是男性还是女性，在取代血液、肉体和灵魂之后，都会转化为精子。而过多的营养物质，如果不储存在脂肪中，它便会转化为精子，这就意味着生育的欲望。这种观点也可能是一种模糊的直觉，即煮熟的蚕豆（尽管古代权威中通常是鹰嘴豆）在外观上与精子相似，因此很容易转化为精子。更令人惊讶的是，蚕豆不仅会使胃膨胀，还会使整个身体膨胀。如果你愿意的话，这就创造了一种对性的人工辅助，堪称早期的现代伟哥。

在一次关于松露和牡蛎作为催情剂的讨论中，劳伦特·朱伯特还提到，粗俗的人们认为食用胀气的食物有助于性行为，这就意味着豌豆和蚕豆会起到类似的作用。事实上，他声称，两者都不是。粗重的蒸汽可能会“使人淫荡”，却很难带来生殖能力的提升，这就是食物的真正目的，“使男人在性行为中更加勇敢”。不过蚕豆与性的联系可能只是春天发生的事——法语里有句谚语“当豆子开花时，愚人就活跃起来”，意思是那时人们会变得有点愚蠢和兴奋。

尽管有这些医学警告和性关联，蚕豆可能仍然在贵族家庭中出现。正如17世纪梅尔奇奥·塞比兹乌斯所写的那样：“豆类的使用量是最大的，但不仅仅是在底层的男人中；事实上，它们甚至经常出现在大人物的饭里，特别是在禁食期间，通常是作为豆糊准备的。”然而，现代早期的烹饪书几乎没有留下这种印象。通常情况下，这些食谱要么使用新鲜的蚕豆，要么以精心制作的方式烹饪，以掩盖它卑微的起源。

在16世纪40年代，克里斯托弗·迪·梅西斯布戈没有一份单一的蚕豆食谱，只有一份小法索莱蒂的食谱，即新鲜食用并轻微油炸。大约在同一时间（1550年左右），英国《科克耶的新书》中有一个用鸡蛋和凝乳做馅饼的食谱，但这些并不是用真正的蚕豆来制作的。同时期，《优秀的书》中提供了一些更朴实的食谱，人们不禁认为，这反映出除了富人以外的更广泛的读者群。它的内容如下：

> 把蚕豆放在水里煮，煮熟后，用盐、黄油或油炒很小的洋葱，待它们稍冷却后放入锅中，加入酱汁用火再次煮沸，同时不停搅拌。加一点番红花。还有一种是用鲱鱼、咸水海豚和其他酱汁一起烹饪。

可选择的配料难以解释。这些配料中，鲱鱼很可能是普通家庭吃的，而咸水海豚很可能要贵得多。无论是哪种情况，在16世纪，人们对豆类菜肴的兴趣似乎都在减弱。

令人惊讶的是，16世纪最大、最全面的烹饪书里只提到了蚕豆。巴托洛米奥·斯嘎皮的鸿篇巨著《烹饪艺术集》里收录了成千上万的食谱，并在两个地方提到了在做馅饼时作为豌豆或鹰嘴豆替代品的蚕豆。还有一个简单的食谱说烹饪干蚕豆或野豌豆（比蚕豆地位还要低）时要浸泡在碱液中，换水洗涤几次，然后用油、水和盐煮熟，配上炸洋葱、香草和番红花。有趣的是，有几份食谱需要白豆，当时可能是新大陆的物种，其他一些食谱中则包括各种豆科植物。但是蚕豆，与本书中的任何其他食物不同，仅仅是一种事后的想法。要么是教皇的宫廷，也就是斯嘎皮为之烹饪的宫廷，对蚕豆不感兴趣，要么就是确实有人对食用蚕豆感到羞耻。将蚕豆与野豌豆放在同一份食谱中就是一个很好的证明。

另一方面，斯嘎皮可能只是表明任何豆类菜肴都适合豌豆，豌豆是首选，因此没有理由指定蚕豆。为了了解蚕豆可能出现在哪里，这里列举了一个普通豆子馅饼的做法。豆子馅饼的制作有使用鲜豆和干豆的不同版本，此处呈现的是后者。普罗瓦图拉只是新鲜的奶酪，有点像农夫奶酪；莫斯塔奇奥利是香味饼干。甜味与咸味的香料结合是本世纪的典型味道。

用豌豆、白豆或其他干豆制作馅饼

将豌豆放在上好的肉汤里煮熟，用研钵捣碎并过筛，每磅糊中加入六盎司磨碎的帕玛森干酪和六盎司新鲜的意大利乳清干酪，或加入用研钵捣碎的新鲜普罗瓦图拉，六盎司的山羊奶或牛奶，如果没有牛奶就用冷的浓肉汤，一磅糖，六个打好的蛋黄，或三个全蛋，半盎司肉桂，一盎司那不勒斯莫斯塔奇奥利粉，半盎司胡椒粉，三盎司新鲜黄油。将以上食材放入馅饼中，下面是糕点面团，上面加入糖和肉桂，最后用烤箱烘烤。你也可以用这种方式制作白豆，先将其煮熟，然后在肉汤中再次烹饪。鹰嘴豆可以在上好的肉汤中炖煮，红鹰嘴豆和兵豆也可以。当蚕豆煮熟后，和小洋葱混在一起油炸，添加到上面的混合物中，加入少量鸡蛋即可。

毫无疑问，在早期的现代烹饪书中，豆类食谱的相对匮乏表明，不仅是富人，还有那些越来越多的购买这些印刷书籍的读者，即不断增长的中产阶级都不愿吃豆子。然而，毋庸置疑，蚕豆是种植的成果，该时期的农业手册都在讨论这一物种，特别是作为人类食物。例如，格尔瓦塞·马卡姆在他的《获取财富之路》中不仅解释了何时以及如何种植蚕豆，还介绍了蚕豆应该如何干燥保存。当种植者被迫早早收获时，豆子必须放入窖中烘干，在此之后，它们将在“多年的时间里保存完好，不会转动或滚动；也不需要你关注堆放的厚度，因为豆子一旦在窖里干燥或太阳下晒干，就再也不会解冻或变软，仍保持最初的状态”。他声称，那些打算喂给仆人的东西，可以在桶里保存长达20年的时间，他甚至听说过用这种方式保存了120年的豆子。他对仆人的评论很有启发性，但也有人认为，这是一种经得起时间考验的食物，至少能在物资匮乏的时候给人们提供食物。

查尔斯·艾蒂安和让·利博的《悲怆庄园》也揭示了人们

对处理豆类的共同经验。作者指出，豆类应在溶解了硝酸盐的水中浸泡过夜——与今天一些人使用的烘焙粉一样——或者他们建议用芥菜籽煮沸。他们还注意到，“如果你用海水浇灌豆类，会使它们保持很长时间，同时它们不会在盐水或海水中沸腾”。也就是说，如果你在沸水中加盐，它们就不会变软。诸如此类的评论表明，尽管人们在精英烹饪书中忽视豆类，但仍在种植和烹饪它们。

还有其他间接证据表明豆类与穷人之间存在负面联系，即艺术。在16世纪到17世纪的绘画作品中，穷人及下层人物突然出现在画作中的现象令人吃惊，对此很难找到合适的解释。人们似乎不太可能同情他们的困境。同样，我们也不能用现代的视角来看待这些题材，因为那些迷人的乡下人过着简朴的日常生活。当彼得·勃鲁盖尔描绘那些粗壮的乡巴佬们一边跳舞一边喝酒时，他其实是想表达一种社会讽刺。这些作品的主顾很可能是中产阶级或上层阶级的买家，他们把这些画作视为不守规矩的例子。文学作品中对汗流浃背的大众的描写也是如此，包括格罗比亚努斯和拉伯雷的作品，在这些作品中，两大巨人加甘图亚和潘塔格鲁埃尔贪婪地咀嚼着一大堆难以想象的低收入农民食品：香肠、牛肚，当然还有豆子。同样的精神也渗透到17世纪的荷兰艺术中，当时的农民更明显地成了笑柄。

虽然不是直接描绘豆子的，但还是有一系列以“豆王”

为题材的画作流传于世。这些画描绘了主显节的盛宴，人们将一颗豆子藏在了烤馅饼中，谁发现了它，谁就会成为当天的豆王。实际上由于某种原因，这一活动在新奥尔良的狂欢节庆祝中被保留了下来，如果没有豆王馅饼，狂欢节就不完整。17世纪中叶，雅各布·乔达恩创作了一系列以这个名字命名的作品。（只要进行简单的搜索，很容易就能在网上找到这些信息。）在这些作品当中，醉汉们在一个颠倒世界的场景中向豆王敬酒。在所有版本中，这位年迈的豆王显然已经喝得超过了他的极限，并被怂恿再多喝点。然而，挤在画布里的人群并不是低贱的农民，周围的环境也很豪华，他们的衣服虽然不整洁，却也很华丽。所以，这也许是一种严厉的警告，不要有所偏爱，就像左边呕吐的那个人和其他流着口水的人一样。

"豆王"系列中最有趣的作品是加布里埃尔·梅曲的《第十二夜》，有时也被称为《失序之王》。它描绘了一个更简朴的家庭，使用简单的家具，衣着朴素。这也是细节最丰富的一幅作品。除了可能的宗教象征意义和明显的喜剧元素，比如在厕所里的婴儿或在火上做饭的鬼脸，整幅画看起来就像是一幅迷人的家庭生活图景。豆王一定是位年迈的祖父，小心翼翼地试着喝下最后一杯酒。孩子们惊奇地看着，就像傻瓜似的嘲笑着指向观众，直视观众，以确保被我们注意到。还有一个人，我们可以理解为他的妻子，她充满爱意地看着他，准备好拿着水罐再灌满水，调侃他的狂欢。这幅画中的主角，我们可能会认为是他已经成年的女儿。看着孩子们在房间里乱扔垃圾，她表现出了带着疲倦的惊奇、厌恶、冷漠和放弃的迷人神态。我们几乎可以听到她说："爸爸，我真不敢相信你还在这么做！"作为一种社会讽刺，这句话可谓十分尖锐，一针见血地指出了观众不该怎样做。同样，这幅画不是关于豆子本身的，尽管豆子出现在一个农民家庭里比出现在乔达恩的版本中更有意义，在那个版本中传达的信息显然只是混乱。在梅曲的画里，很明显有一块单独出现的上等肋骨，这也许是这个家庭不需要吃豆子，而是用馅饼庆祝难得的时刻。

另一个比这更古老的不同体裁作品是安尼巴尔·卡拉奇于16世纪晚期在罗马创作的一幅画，名为《吃豆的人》。也许从来没有一幅作品意图展示普通农民的真实生活。画里没有关于道德的信息，也没有讽刺，只是展现了一个饥饿的人把一碗豆子塞进喉咙里却被人发现的画面。当画家拿着速写本冲进现场时，画中的主角直接盯着画家本人，也是直视着观众，似乎有点恼怒自己被打扰了。我们只能猜测卡拉奇的动机，但这可能是捕捉普通生活这一真实愿望的表达，毕竟还有什么比展示一个吃豆子的人更能表达农民的经历呢？顺便说一句，画里的物种很难鉴别，可能是炖蚕豆，也可能是豇豆，不过在当时最有可能是来自新大陆的菜豆。

最有说服力的证据表明，在16世纪以后，蚕豆真正成为“穷人的肉”。这一证据直接来自烹饪书籍。1607年，萨拉曼卡一所大学食堂的厨师多明戈·埃尔南德斯·德马塞拉斯在他的著作《科齐纳图书馆》中只字不提蚕豆，只提到鹰嘴豆和兵豆。1611年，在弗朗西斯科·马丁内斯·蒙蒂诺的《科西纳艺术》一书中收录了一些食谱。作者是西班牙国王费利佩三世的厨师，所以这本书很好地说明了贵族在食材上的取舍。大斋节蚕豆汤的做法是把嫩蚕豆、生菜、水、香料、香菜和少许醋加入锅里再打入生鸡蛋制成的。你也可以加茴香，虽然有些人不喜欢这么做。肉类日的类似版本包括油炸咸猪肉，汤可以在吃完肉以后食用。重要的是，这些菜都是采用新鲜的绿色嫩蚕豆而非干豆。

在同一个世纪，英国人罗伯特·梅在他的著作《厨艺精修》中，除了一种豆面包外，没有任何地方提到过豆子。事实证明，就连豆面包中也完全没有用到豆子。与他同时代的威廉·拉比沙在《烹饪过程详解》一书中，似乎连豆子这个词都没有提过。荷兰的《明智的厨师》也是如此，该书的译本明确指出，这本书是为富裕家庭准备的，因此没有提及穷人吃的干豆和豌豆。

随着法国古典高级菜肴的出现，继17世纪中叶拉瓦莱纳《法国菜》出版之后，干蚕豆被彻底禁止用于高级菜肴烹饪。青豌豆在路易十四的宫廷里仍然可以找到，甚至还是一种很流行的食材。法国有句谚语，“如果他给我豌豆，我会给他蚕豆”，意思是你对我做了一些事情，我将回给你相同的，或者说就是“针锋相对”。但考虑到蚕豆的价值不断下降，这似乎意味着你的回报会更糟。四季豆同样有引人注目的外观，但古老的主食蚕豆却是留给穷人和马的。

1674年出版的由L. S. R.撰写的《善待的艺术》一书中收录了许多关于豌豆的食谱，但关于蚕豆的只有一个。该菜谱中使用的是刚长出的蚕豆，种皮完好，非常鲜嫩，烹调方法就像豌豆一样用切碎的骨髓、香薄荷和肉汤调味。只有等豌豆稍微变老一点的时候才会去皮并煮更长的时间。书中完全没有提到成熟的干蚕豆。在皮埃尔·德鲁恩的《厨师》中，实际上收录了四种蚕豆食谱，使用的同样都是新鲜的嫩蚕豆，并焯水去皮。第一道菜配以乳酪、蛋黄和肉豆蔻；第二道则是涂上猪油与羊肉汤一起食用；第三道是意大利风味蚕豆，油炸后配上炸欧芹；最后一道是西班牙蚕豆饼，做法如下：

> 嫩蚕豆去皮后，用研钵把它们捣成泥，加入盐、胡椒、三个生鸡蛋调味，然后在馅饼锅里用融化的猪油炸成类似没有皮的馅饼，整个或切开后上桌。

在18世纪的烹饪中，蚕豆缺失的现象更令人吃惊，也许是因为这些书有意识地针对中产阶级家庭和乡村农场。同样，在这些中产阶级中，对蚕豆的歧视可能是最强烈的。一个相当富裕的家庭没有理由吃豆子，除非它们十分鲜嫩。也正是在这时，来自新大陆的物种开始彻底取代蚕豆，这部分故事我们将在稍后继续。就目前而言，这足以说明，从18世纪一直到19世纪，蚕豆和任何一种干豆子，即使在最全面的烹饪书籍中都没有一席之地。

在18世纪的英国，玛丽·凯迪尔比的《300多道食谱》在1714年后多次再版，在序言中对豆子的地位作了一些很有启发性的评论。她的基本观点是，大多数烹饪书都给出了“奇奇怪怪的”规则，这些规则破坏了许多美好的晚餐。既有伟大的厨师发明出“享受一千倍更令人厌恶的味道”，而且“一个可怜的女人注定被嘲笑，因为只有一堆一塌糊涂的豆子”。豆子与贫穷的联系展现得一清二楚，毫不奇怪，书中其他地方完全没有提到豆子。

在1750年费舍尔夫人的《细心的家庭主妇》中，人们自然会期待出现一些象征节俭的东西，比如豆子。在一幅插图中，餐桌上的布置确实展示了一盘豆子和培根，以及其他雅致的菜肴，如炖鲤鱼、小牛脊骨和非洲干酪。但是没有食谱，也许是因为她认为所有家庭主妇都知道怎么做。另一方面，从她的菜单判断，豆子在8月只出现过一次。苏珊娜·卡特的《节俭的殖民家庭主妇》于革命前夕在波士顿重印的时候，从未提及干豆子。只有新鲜的蚕豆才会被煮熟了吃。“最好不要给它们去壳，除非马上就要入锅。”拉菲尔德夫人的食谱大部分取自费舍尔夫人，其中确实包括一个配方。制作温莎豆时，“用大量的盐和水煮熟，切一些欧芹，放入融化好的黄油；如果你喜欢的话，可以在中间放上培根”。这道菜必须用新鲜的豆子，否则盐可能会妨碍它们正常烹饪。夏洛特·梅森的《女士的助理》也是一本内容十分详尽的烹饪书，在食谱中同样列出了鲜豆，而对干豆只字不提。从18世纪英国烹饪书的资料库来看，除了穷人，似乎从没有人吃过干蚕豆。

1791年，安东尼·帕斯奎因在伦敦出版的《忏悔星期二：讽刺狂想曲》中对此作了说明。在这本书中，一群迂腐的学者对豆类的植物学分类争论不休。皇家科学研究院是皇家学会的兄弟，也是当时领先的科学机构。

当乔·索霍坐在大椅子上的时候，
精妙绝伦的雕刻，在他的同龄人之上，
他问了个问题，让他的兄弟们盯着他，
把他侧边的鬈发拉下藏起来——他的耳朵！
“既然我们已经理清了蛆虫和绿叶，
那你们的豆子是什么属？”
“我们的豆子是哪类！”真菌叫道，“让我看看！”
“我们的豆子是哪类！”霍勒斯咆哮道，
“我们的豆子是哪类！”一轮一轮地，
所有的人似乎都沉浸在敬畏的深处！

沉默是绝对命令，

每个人的脑袋都笨重地靠在同族的手上；

没有一队人会这样摆姿势，

还有因为读书、做梦、打瞌睡而扭动的人；

懊恼、困惑、痛苦，

每一个清醒的判断，都因它的幻想：

有些人看着天花板，有些人看着地板，

最聪明的人怀疑，最邪恶的人发誓！

博士、贵族、医学博士们似乎陷入了深深的痛苦，

无知蒙蔽了每一个皇家学会会员。

蒂尔和老妇人（按照他们的要求，老妇人习惯端着锅，搅动火焰）

正如旁观者应该做的那样结束了这件事，

把他们的大脑从思想中解放出来，

“你的荣誉不会弄错，

我总是把豆子和培根放在一起！”

只有当你相信博学的人对豆类一无所知时，这种讽刺才真正有意义；只有老妇人才懂得如何处理豆子。

为什么豆子会从优雅的餐桌上消失，部分原因似乎是因为普通烹饪书的读者越来越富裕，并且希望把肉食当作每顿饭的主菜。但这也可能与另一场农业革命有关，这场革命使蚕豆成为马的主要饲料作物之一；事实上，虽然指的品种略有不同，但“马豆”一词已成为更常见的用法，而鲜食的

"温莎豆"仍然是人类的食物。也就是说，除非受到胁迫，否则为什么会有人把一种被公认为是饲料的豆子端上桌来?

简而言之，这场跨越了几个世纪的革命，直到18世纪才达到高潮，将农业从当地自给自足的生存活动转变为更加市场化的商业活动。人口增长再次成为这一进程的核心，尤其是在土地稀缺、城市人口密集的荷兰。随着土地价格的上涨和对粮食需求的不断增长，特别是在城市，土地所有者有动机将农民持有的土地转为资本密集型企业。既然你可以把佃户赶出去（即"圈地"），应用新的灌溉、施肥和改良品种的方法，自己直接开发土地，那为什么还要允许落后的农民以传统的方式耕种土地呢? 土地可以集中成更大的地块，以前的租户甚至可以被雇用为农村劳动力，并支付工资。后来，作物轮作制度变得更加复杂，其中最著名的是查尔斯·"萝卜"·汤森德，他把萝卜这种蔬菜作为冬季饲料作物与车轴草一起引入四田制，这样牛就可以全年饲养，而不是在秋季屠宰。当然，更多的牛意味着更多的肥料。此外，杰斯洛·图尔的播种机、罗瑟勒姆犁和新型脱粒机等新的机器也被引入农业生产中。为了提高牛和作物生产力，人们努力寻找一种既能迅速使牛增肥又能补充土壤肥力的饲料。

尽管这一突如其来的"革命"的简单图景在近几十年已经被证实，并受到了质疑，但毫无疑问，以商业为导向的农民对豆科植物（包括蚕豆）越来越感兴趣。这里不是讨论整体生产力的范围和重要性的地方，对于这个故事而言，所涉及的主要饲料作物车轴草无关紧要，因为它不能用作人类的食物。但将蚕豆当成饲料的做法似乎直接影响了它的命运，使它在英国和北欧菜系中慢慢消失。

这种对种植豆类的兴趣在18世纪英格兰的农业教科书中得到了广泛的证明。例如，约瑟夫·兰德尔在1764年出版了一本《农民培育豌豆、豆类、萝卜或油菜优良作物的新指南》，旨在将这些作物介绍给有创业精神的农民。托马斯·黑尔的《畜牧业综合体系》中区分了马豆和所谓的大菜豆，前者在田里播撒，后者则在伦敦周围的花园中种植得更多，供人们食用。他认为，更大块的田地也可以用同样的工业方法、肥料和人工打理来种植，但事实很显然不是——大多数的豆子只是被当成饲料、通过随意撒播来种植。一本由匿名作者撰写的书《1796年主要蔬菜的统计》中强调要引进新的作物，在小麦短缺的时候来替代小麦。作者毫不含糊地说："不论是在我国还是其他国家，这种知名蔬菜未成熟的绿色种子都是最受欢迎的夏季食品。但是，从成熟和干燥的种子中获得的食物却很少会被利用。"他引用了农业委员会的一些实验，比如往面包中加入豆粉，但这些实验似乎没有产生任何效果。毕竟，这些豆子是给马吃的。安东尼·帕门提尔虽然致力于推广土豆，但他在谈到把豌豆、蚕豆、扁豆等豆类做成面包时却说："这种紧实的食物令人不快且黏稠，往往比最好的小麦面包还要贵。”

同样地，在法国，干蚕豆也带有社会污名。在《经济学词典》中，诺埃尔·乔梅尔在“贫困”一词的词条下就列出了一份蚕豆食谱。在这个食谱中，八品脱的蚕豆在烤箱中烘干后碾碎，以便快速方便地用于汤中。这么做减少了烹饪时间，也节省了燃料。他评论道，大米也可以这样做，“但它不是穷人的食物，因为它太精致、太昂贵了”。在1803年出版的一本著名图书《植物食品百科全书》中，皮埃尔·约瑟夫·布克·霍兹描述了新鲜的嫩蚕豆是如何与香料一起食用的。但干燥的老豆子只能在“一些省份和海上”吃。“当蚕豆长到最大的时候，人们最喜欢它……先在水里煮熟，然后在黄油里轻轻地煎成棕色，加入盐、胡椒粉和一小撮调味料就能提升风味，因为这些东西有点淡。”他把自己的口味与平常的一般做法分开，最终诋毁了蚕豆。他还进一步评论说，在革命期间，人们用蚕豆做面包，但它实在太硬太涩。不过，他至少并没有像对待野豌豆那样完全忽视蚕豆，因为野豌豆只适合最健壮的胃和农民。

然而，并不是所有的法国作家都表示了对豆子的鄙视，甚至可能会从种植豆子中吸取教训。让-雅克·卢梭的《爱弥儿》是一部教育领域的革命性著作，其中有一个以种豆子为特色的插曲引人注目。卢梭在很大程度上拒绝了18世纪法国腐朽肤浅的文化，这就是为什么他提出了如何以一种自然的方式培养年轻的爱弥儿，而不是限制或命令。这个小男孩可以在田野里自由奔跑，独自去发现自然和真实的人性，而不是试图从书本上学习。卢梭希望在这一部分教给爱弥儿关于财产起源的特别一课。生活在乡下，他会了解田里的劳动，但卢梭认为亲自动手才会真正帮助他理解，这似乎是大多数被宠坏的孩子无法理解的。

卢梭让他年幼的学生爱弥儿种植豆子，尽管已经帮助他做了更艰苦的工作，但是豆子本身是爱弥儿种在地里的。在犁过土地之后，“他在地里种了一颗豆子，占有了土地。当然，这种占有财产的方式比南美洲的努涅斯·巴尔沃亚时期，以西班牙国王的名义在南海岸上立下他的标准的做法要更神圣、更值得尊敬”。他们每天都在浇水和照料豆子，卢梭提醒爱弥儿：“在这个世界上，有一些他自己的东西，他可以向任何人索取，无论是谁……”有一天，豆子不见了（这在卢梭的计划中），他们发现是园丁把它拔了出来。后来，他才知道原来园丁曾在那里种过瓜子，现在瓜子全被毁了。最后，他们达成了一个协议，只要爱弥儿和园丁分享他的农产品，园丁就会借给他一小块地。这一课的意义在于不仅是劳动使某些东西成为你的，还有财产是第一占有者的权利，为了与他人共同生活，我们必须尊重他们的权利，签订某种社会契约。冲突并没有发生，双方都愉快地离开了。自由社会的所有生活方式都被教导给了爱弥儿，不，是通过种豆子的行为得到的直接体验。

有趣之处在于，与北方形成鲜明对照的是，蚕豆在南欧的烹饪书籍和烹饪习惯中仍然很常见。它们仍然作为人类食物在那里广泛种植，当然，总体上，和富裕的北方地区相比，这里的饮食一般都以蔬菜为基础。但它也反映了南方截然不同的经济状况。这里没有发生类似的农业革命，大多数人都依靠他们几个世纪以来相似的基本食物果腹，除了非常富有的人之外，大多数人仍然以谷物、豆类和少量肉类为生。意大利不仅没有大规模的资本密集型农场，还存在着小农农场以及佃农制度。由于不存在庞大的中产阶级群体希望通过多吃肉食来远离自己祖先的饮食，因此似乎在一定程度上解释了为什么蚕豆仍然会在烹饪记录中占据重要地位。单靠气候无法解释这一点，因为正如我们所看到的，北方地区也有蚕豆生长，但不是种给人类吃的。

这里举两个例子就足够了：胡安·阿尔塔米拉的《新烹饪艺术》有意识地尝试同时满足富人和穷人的烹饪兴趣。不出所料，书中收录了好几种干豆的食谱，与几百年前的做法几乎没有什么不同。例如，他补充说，他的干豆汤中加入了炸洋葱、大蒜、胡椒、番红花、薄荷、面包屑和一点奶酪，加上一些米饭也不错。除了这些可能是用新大陆的豆子做的以外，整个食谱可以说非常传统。阿尔塔米拉的读者对豆子没有如此明显的社会歧视，因为每个人都在吃豆子。这也可以解释为什么像阿斯图里亚斯炖蚕豆这样的传统菜肴能够存活下来，而不是复兴，虽然现在有了更多的西班牙辣香肠和红香肠以及其他各种更昂贵的食材，但食谱仍然与上面的相似。

在意大利，蚕豆仍然是主要的饮食原料。具有讽刺意味的是，文森佐·科拉多的《美味佳肴》（字面意思是素食主义者）提供了一系列不同寻常的食谱。虽然他确实提到，在萨伦托地区，平民或小人物会充分利用蚕豆；对他们来说，这么做没什么好羞耻的。书中收录了十二道食谱，包括汤、炸蚕豆，加奶油和“富人的酱汁”，其中，“富人的酱汁”是指“将蚕豆放入油、大蒜、百里香、龙蒿、盐和胡椒粉中翻炒，并用鱼汤浸湿，煮熟后加入同样的肉汤和柠檬汁”。人们对保持大斋节期间禁食的兴趣在一定程度上解释了此类菜肴存在的原因，但实际上吃这些食物并不会带来社会耻辱感，这恰恰是因为没有一个阶级的人被迫吃它们，而另一个（中等）阶级的人则希望保持这种区别。科拉多的书中还收录了炸豆饼的做法，这道美味的蚕豆菜肴做法包括慢煮豆子，用盐、油、欧芹、芹菜和月桂叶调味，然后把它们捣成细腻的奶油状，放在油炸吐司上。今天，这道菜很容易在许多意大利餐馆里找到，又被称为意式烤面包。

19世纪的资料记录也很能说明问题，尤其是因为它们直接涉及对贫穷阶层的关切。在本世纪早期的英格兰，当反玉米法联盟尚未立法时，谷物的价格居高不下，几位烹饪书作者对普通饮食的糟糕状况发表了评论。贝尔·普卢佩特尔的《1810年的家庭经营》在这方面的记录非常有趣。除了提到人们应该量入为出，不要试图模仿别人之外，她还抱怨“这个国家的饮食中普遍存在的错误是过度依赖动物性食物”，并将许多疾病归咎于此。此外，人为造成的玉米（指谷物）短缺“破坏了整个社会的健康，并将其缩减为一个由病弱侏儒组成的种族”。英格兰人因为过度的烹饪而毁了他们的蔬菜。“英格兰人使用蔬菜时带着一种冷漠的不信任，好像它们是天敌一样。”“我们很少在餐桌上使用蔬菜，烹饪书中也很少注意到蔬菜。”显然，这本书里出现的许多蔬菜菜肴，包括豆类和培根，想必一直以来都是下层阶级的人吃的。以下是她的食用指导：

> 当你处理豆子和培根时，要把它们分开煮，因为培根会破坏豆子的颜色。一定要在水中放些盐和欧芹。煮熟后，把嫩豆子扔进过滤网里沥干。去掉培根的外皮，撒上一些面包屑；如果你有烙铁，可以把它烧红后放在培根上，使培根变成褐色；否则就用火烤成褐色。把豆子放在盘子里，中间放上培根，用香菜和黄油调味后即可上桌。

生活在本世纪晚些时候的查尔斯·埃尔姆·弗兰卡泰利也采取了同样的态度。他曾经是著名的皇家宫廷厨师，但也非常关心工人阶级，并撰写了《工人阶级的普通烹饪书》。这本书提供了简单明了的指导，帮助贫困家庭实现收支平衡。虽然书中收录了一道很简单的蚕豆食谱，但他特别推崇的是美国品种的白菜豆，而不是蚕豆。他声称："在法国，菜豆是工人阶级的主食，甚至是全体人民的主要食品；为了在人民中推广和鼓励使用这种最优秀的蔬菜，我们非常希望能够采取一些有效的经济手段，特别是在冬季。"他认为这么做甚至可以减少对土豆的依赖，而土豆作物的种植刚刚遭遇失败。尽管这种白菜豆在当时只是一种昂贵的奢侈品，但可以通过大量进口，从而"变得足够便宜，可以让最贫穷的人买得起"。这正是本世纪晚些时候将要发生的事情，但同样有意思的是，他不认为蚕豆可以达到同样的目的。

最有趣的是，几个世纪以来，蚕豆被来自新大陆的物种取代，甚至在那些保留了蚕豆名字的传统菜肴中也是如此，比如阿斯图里亚斯炖蚕豆。而在另一些菜肴，比如豆焖肉中，新的豆类物种在某个没有记录的时间点变成了传统，而原来的做法则完全被遗忘了。这些将在后面的章节中讨论，但就目前而言，蚕豆确实在现代烹饪中占有重要的地位，尤其是春天鲜嫩的青蚕豆。由于一些令人费解的原因，在过去的十多年里，鲜蚕豆被人重视，在大多数杂货店、农贸市场甚至是高档餐厅的菜单上都可以找到。

干蚕豆也经历了短暂的复兴，尽管远不及传统菜豆品种广受欢迎。正如英国作家W. 泰格茅斯·肖尔所说，新鲜的蚕豆幼嫩时很可爱，“但是，唉，它很快就老了，成为一颗‘老豆子’，也就不那么令人愉快了”。它们仍然是少数几种只在传统场合才吃的豆子之一，比如在圣吉塞佩节。虔诚的西西里岛人通过热烈庆祝这一节日纪念一场干旱，在干旱期间，民众向圣约瑟祈祷，祈求获得救援。圣约瑟应允了他们的祈祷，确保蚕豆的收成不受影响，从而拯救了人民。因为这个节日的庆祝活动在3月19日，处在大斋节期间，所以没有肉供应。相反，该节日的特色是向穷人分发一种特殊的面包、蔬菜、糖果和其他食物，如油炸羊角酥。不过，该节日上的明星食物是用蚕豆、宽面条和其他蔬菜做成的汤，上面撒上面包屑，这让人想起圣约瑟作坊的锯末。此外，人们竖立起一座阶梯形的祭坛，以供奉圣徒的祭品，其中就包括上述所有食物。正如西西里裔美国人所庆祝的那样，各种各样的甜糕点被组成各种象征性的形状，如木匠的工具等。尽管受到了来自毕达哥拉斯和蚕豆病的影响，西西里岛人民仍然致力于种植蚕豆。煎蛋饼是当地春季的一种传统菜肴，由煮至断生的碎洋蓟和蚕豆制成，再简单地涂上橄榄油作调味。还有一种用野茴香做成的蚕豆汤马库。为什么这些菜今天还有人食用，尤其是那些外国人呢？因为它们是一种纪念一个人的根和故乡的方式，可以用来回忆相对富裕的生活中的艰辛。

当你向现代美国人提起蚕豆时，总有人不可避免地会想起《沉默的羔羊》中的场景。汉尼拔·莱克特讨论了他是如何吃掉送货员的——他的肝脏，特别是蚕豆和一个“漂亮的奶酪阿姨”。事实上，在原著中，它并不是基安蒂葡萄酒，而是阿玛龙葡萄酒，是一种颜色更深、味道更浓郁的葡萄酒，与肝脏搭配会更好，正如这名美食家所知道的那样。

在本章的结尾，必须要说到蚕豆在现代医学中一个鲜为人知的用途。蚕豆是左旋多巴的主要来源，而左旋多巴可以被用来提高帕金森病人的多巴胺水平，因此它们（间接地）在奥利弗·萨克斯的《睡人》中占据中心地位。在这本书中，奥利弗讲述了用左旋多巴短暂治疗神经疾病的经历。

第五章　豌豆、鹰嘴豆和木豆

豌　豆

我们会把豌豆和其他豆类区分开来完全是一种语言上的意外。即使没有共同的命运，它们也有着共同的历史。在某种程度上说，豆类一直以来的社会污名从未与豌豆密切相关，这可能是因为豌豆被食用时通常还是颜色青绿，十分新鲜。但是豌豆也可以被干燥。在寒冷的气候中，干豌豆尤为重要，比如斯堪的纳维亚半岛或魁北克的黄豌豆。另一个意外使我们把鹰嘴豆属的鹰嘴豆、木豆属的木豆也叫作“豌豆”。这些物种都属于真正的豆类，但它们甜美细腻的味道和圆润诱人的外形使它们在分类上与其他豆类有所区别。豌豆是位与众不同的亲戚，地位也要比其他豆类高一些，堪称家族中的公主。

由于另一个意外，我们把英语中的诸多的豌豆搞得乱七八糟。“peases”（源自拉丁语pisum，在梵语中是一个更古老的相关形式）表示许多个体，而“pease”最初的意思就是一粒豌豆。后来，豌豆设法通过改变名字来隐藏自己的身份，假装单身，于是“pea”这个词就诞生了。但是，如果我们回顾一下其祖先的历史，便会发现豌豆在农业发展的初期就已经出现，与低矮的兵豆并排生长在新月沃地的作物丛中。豌豆的适应性也远远超出人们的想象，它在地理和气候上的分布范围比其他豆类都要广泛。也就是说，从亚热带地区到寒冷干旱的地区，它四处扩散。

我们还欠豌豆一大笔人情。豌豆的基因表达非常一致，19世纪中叶，奥古斯都修道士格里高尔·孟德尔在他具有开创性的遗传学研究中，从所有作物中选择了豌豆。尽管孟德尔发现的遗传规律直到20世纪初才受到人们的重视，但他还是被公认为以豌豆作为研究对象的遗传学之父。

如前所述，豌豆可能与小麦和大麦一样，是最早被驯化的植物之一，其考古遗迹可以追溯到公元前8000年。它的野生祖先可能是分布在黎凡特、土耳其东部、叙利亚和伊拉克北部的高大腐殖土类型（*humile*）。一种较低矮的灰石类型（*elatius*）与这种分布重叠，并扩散到巴尔干半岛。此外，还有一种独特的野生品种褐花豌豆（*Pisum fulvum*），花呈黄棕色。但今天使用的所有栽培品种都是豌豆（*Pisum sativum*）。这种被驯化的豌豆传播迅速，在公元前4000年到达西欧，之后向南到达埃及，向北进入高加索地区和东欧，最终在公元前2000年左右到达印度。

在古代世界，豌豆通常和其他豆类一样都是干燥储存，甜荷兰豆、糖荚豌豆和雪花豌豆等整个豆荚可食用的品种都是后来才发展起来的。甚至食用新鲜青豆或“花园豌豆”也相当新奇，它们是在16世纪和17世纪的欧洲专门培育的。豌豆在精英园丁和路易十四的宫廷中很流行，但这种流行只是它在从一种不起眼的豆类转变成一种季节性的甜味绿色蔬菜之后才出现的。在豌豆的大部分食用历史中，它都是以白色或黄色的干豆形式存在，既有可能颗粒完整，也有可能裂开，最常见的做法是煮熟，直到变成丝滑的汤。干豌豆很难在颗粒完整的情况下烹饪，这可能是它在烹饪上有别于其他豆类的另一个原因。

在古代，豌豆汤是食用豌豆的标准做法。希腊人做的皮西农埃特诺斯或康霍斯被认为是相当廉价的食物。在阿里斯托芬的喜剧《骑士》中，一个香肠小贩被任命为雅典的领袖，他做的就是这种汤:“这是豌豆汤，美味可口；皮洛斯的胜利女神雅典娜就是那个亲自碾碎豌豆的人。”这里的幽默之处在于，就像兵豆汤一样，豌豆汤被认为是简单而不雅的，不是女神会关心的东西。同样，泰门现已失传的讽刺作品中也提到了“海螺”汤。在这里，它比特奥斯的优质大麦馅饼和吕底亚人的五香肉汁更受欢迎，更确切地说“在粗俗肮脏的海螺中，我的希腊穷人找到了它的一切奢华”。这对希腊人来说很有趣，因为没有一个头脑正常的人会喜欢豌豆汤而不喜欢美味佳肴。

罗马人还赋予了豌豆额外的含义。同其他豆科植物一样，豌豆也把自己的名字借给了一个罗马家族——强大的皮索家族（Piso）。尤利乌斯·凯撒的妻子卡尔普尼亚是皮索人，她的父亲卢修斯·加尔普纽斯·皮索·凯撒尼努以享乐口味而闻名，他与另一位以豆类命名的政治家西塞罗发生了争吵，因为西塞罗演说中的最后一句话可能指责了他对马其顿进行敲诈和腐败管理。

阿皮修斯和往常一样，使用普通的豌豆，通过各种诱人的烹饪方法来调味，这无疑使它对读者更有吸引力。他有一份上面提到的“海螺”食谱，里面装满了香肠片、肉丸和猪肩肉，还有常见的罗马草药和香料，比如胡椒、欧当归、牛至、莳萝、干洋葱和香菜叶，以及一些鱼露和葡萄酒。另一个以康茂德命名的版本包含鸡蛋，并被烤至凝固。经过这种优雅的处理，豌豆就不会再被认为是一道如此普通的菜了。

同样的道理也适用于中世纪的豌豆汤食谱：它们会用昂贵的配料来装饰。“豌豆糊热了，豌豆糊冷了，豌豆糊在锅里煮了九天。”如果这首诗真实可信，那么在普通的家庭中，一口只有豌豆的大锅就会无限期地留在灶台上，或者至少要待上九天，每餐都要重新加热。当然，也有新鲜的豌豆出售。豆粒在豆荚里煮熟后，食用时再由牙齿从豆荚中剔出来。《巴黎持家指南》中收录了一道名叫“苏格兰豌豆”的食谱。但作为那个时代的食谱，它是为贵族家庭准备的，干了的“白”豌豆被做成各种复杂的点缀，加入杏仁奶、香料和其他配料。在各种奢侈的菜谱中，豌豆汤或豌豆泥甚至在大斋节期间被用来代替肉汤。15世纪为萨沃伊家族烹饪的奇夸德·米佐描述了应该如何大量准备这种浓汤并用于各种大斋节宴会上的鱼类菜肴中。14世纪的《食物准备法》给出了一个典型的中世纪豌豆菜肴的做法。从名字来看，它起源于德国。

阿拉曼豌豆汤

> 取白色的豌豆，洗净后沥干。裹上一块布，放到凉水里，直到外壳蜕去。把它们扔进锅里煮熟，加入杏仁奶和面粉，再用姜粉、藏红花和盐等调味。

像这样的豌豆汤里没有使用中世纪时的调味料，而且经常配以某种形式的熏制猪肉。尽管在宗教改革后它不再是专用于大斋节的食物，但仍然被保留了下来，尤其是在斯堪的纳维亚地区，如瑞典的ärtsoppa、丹麦的gule aerter、芬兰的hernekeitto、荷兰的erwtensoep等，都是带有当地特色的豌豆汤。作为一种曾经很普通的食物，豌豆汤深受人们的喜爱。据说，瑞典国王埃里克十四世就是于1577年被他的弟弟约翰三世用一碗掺有砷的豌豆汤毒死的。这些食谱流传至今，斯堪的纳维亚裔美国人非常喜欢吃，而干豌豆只有通过专业的供应商才能买到。

在大多数早期的现代烹饪书中，豌豆汤往往形式不一。在《鲁滨孙漂流记》中，英国人对豌豆的喜爱（即使是“糊状的”）通过一个令人震惊的情节被揭示出来。当时，主人公鲁滨孙·克鲁索在一座荒岛上发现了一堆金银，当然，这些财富在荒岛上毫无用处，“我愿意把它全部拿来买6便士的萝卜和胡萝卜种子，或是一把豌豆和一瓶墨水”。E. 史密斯在《出色的家庭主妇》（1727年）一书中所记录的豌豆汤食谱，比笛福的写作时间晚了一点，虽然复杂，但仍然十分家常，而且很好地体现了18世纪的口味偏好，正是克鲁索梦寐以求的那种菜。在这份食谱中，烤肉只是切碎做成小肉丸的肉。

> 取一夸脱白豌豆、一块牛颈肉、四夸脱清水，煮烂后用滤锅过滤；然后取一两棵菠菜、一两棵小卷心菜，以及一棵很小的韭葱；在煎锅或炖锅中加入四分之三磅的新鲜黄油，油热后放入切碎的香草；煎一会儿后加酒，再放两三条凤尾鱼、一些盐和胡椒粉、一根磨碎的薄荷小枝一起煮，直到你觉得够浓为止；准备一些烤肉，做三四个大豌豆大小的肉丸，煎成褐色后盛到盘中，再煎一些培根薄片放在菜的边上，加上烫好的菠菜；煎一些面包片，碾碎后放入盘中，最后把肉汁淋在菜上即可上桌。

另一种烹饪方式是把豌豆和其他食物分开后装在布袋里

煮沸，结果就是制成一种豌豆布丁，并与装在其他袋子里的东西放在一起吃。这也是水手常用来将食物与其他食物分开的方式。纳尔逊在特拉法尔加海战中的旗舰“胜利号”上，每袋豌豆都有一个木制标记，标明它属于哪一组。与此相关的是德国人在普法战争中发明的一种奇怪的豌豆香肠。它由豌豆和兵豆粉煮熟、蒸发浓缩后与培根及调味料混合而成。这种食物易于携带，还能迅速与热水混合制成一种速溶汤。下文是由埃罗尔·谢尔森记录的基奇纳博士使用的用袋子制作的豆粉布丁食谱。作者说，与英国海军所做的唯一不同之处在于，豌豆没有经过筛选，尽管如此，“这似乎是水手们最喜欢的一道菜，而且是对腌肉的有益补充，当然，腌肉也是海军的主要食物之一”。

> 把一夸脱的豌豆放在干净的布上，不要绑得太紧，要留出膨胀的空间。把它们放在冷水里慢慢煮，直到它们变软。如果豌豆品质较好，它们将在大约两个半小时内煮熟。用筛子把它们筛到一个深盘里，再加一两个鸡蛋，一盎司黄油，一些胡椒和盐。把这些原料充分混合在一起，搅拌大约十分钟。放入豌豆布丁后尽可能地扎紧，再煮一个小时。如果与煮熟的猪肉或牛肉一起食用可以大大改善肉的味道。

有一种来自英格兰北部的多刺小黑豌豆值得一提，那就是卡林豌豆。它实际上是一种粮用豌豆，而不是菜用豌豆，因此与绿豌豆相比，卡林豌豆的形态更小、颜色更深、质地更坚硬。卡林豌豆也更适合运输，这可能就是马丁·弗罗比舍在16世纪70年代寻找西北航道时，把它们埋在巴芬岛的贮藏处的原因。关于它们的起源有很多传说。一种说法是，在英国内战期间，一艘载有卡林豌豆的荷兰货船（也可能是法国货船）从苏格兰人手中拯救了被围困的纽卡斯尔。另一些人则追溯到异教徒的历史，认为是对逝者的纪念，后来天主教会也选择了将这种卡林豌豆作为纪念自己节日的一种方式。无论这一习俗起源于何处，人们都是在复活节前的大斋节的这个星期天吃的。1562年，威廉·特纳在《草药》一书中说，在诺森伯兰，人们把它们放到餐巾里吃，就像吃栗子一样，"味道没什么不同"。它们有时也被称为枫树豌豆，虽然这可能与最初的含义完全不同。

豌豆也是现代食品供应重大技术革命的中心。除干燥外，并没有什么保存青豌豆的方法。在19世纪30年代（根据《厨师不是疯子》的说法），如果把豌豆放在一个装有羊脂的罐子里，盖上一个膀胱，再放到凉爽的地方，豌豆就可以保存到圣诞节。但是直到冷冻技术出现之后，新鲜豌豆的供应才打破了季节的限制。20世纪20年代，企业家克拉伦斯·伯德西在拉布拉多旅居期间，编造了一则奇妙的故事，讲述了他从因纽特人那里学会冷冻食物的过程。他发明了一种方法，可以将蔬菜快速冷冻在一个新的容器中，以保持蔬菜的新鲜。虽然这个想法并没有立即流行起来，他后来也卖掉了公司，但豌豆是他真正的成功故事。豌豆是少数几种能够很好冷藏的蔬菜之一，在美国任何一家杂货店都能找到他创立的“Birdseye”公司的标签。因此，在许多其他食物还没有大量上市的时间段里，只有青豌豆避开了季节带来的考验。

作为一项古老的发明，罐装豌豆在家里用玻璃瓶就能制作完成。用锡罐或铝罐装豌豆的做法一定会让任何理智的人感到困惑，尽管在英国，人们喜欢把“糊状豌豆”视为一种传统/工业食品。所有这些发展都意味着我们几乎完全忘记了豌豆也是豆类家族中的一员——干豌豆只会出现在奇怪的豌豆汤中，而这种汤现在大部分都是罐装的。在如今的恐怖电影中，豌豆汤多从被恶魔附身、性格扭曲的小孩嘴里吐出来。

鹰嘴豆

和豌豆一样，鹰嘴豆在历史上也基本逃脱了豆类的污名。当然，鹰嘴豆和豌豆不同。它确实是一种豆子，在美国，它的西班牙名字garbanzo bean也很常见，人们会发现它同时以这两个名字出售（而且通常由同一家公司出售）。值得注意的是，garbanzo这个词与任何拉丁语或希腊语的词根都没有关系，而似乎起源于当地土著。它也不像许多西班牙美食词语那样源于阿拉伯语。garbanzo确实是一个相当有力和时髦的名字，很适合这种质地紧密的豆子，在那些不知道鹰嘴豆这个愚蠢而又矮小的名字的地方，人们给予了它更多的尊重。

鹰嘴豆的起源同样是在新月沃地，因此，它在亚洲西南部地区的所有菜系中仍然占有重要地位也就不足为奇了。在阿拉伯语中，它被称为鹰嘴豆泥。我们常用这个词来表示蘸酱，但准确来说应该叫鹰嘴豆泥芝麻酱。鹰嘴豆属约有40种植物，其中5种野生种分布于该地区。然而，只有鹰嘴豆（*Cicer arietinum*）被驯化了。在土耳其和叙利亚的考古现场，人们再次发现了最古老的碳化鹰嘴豆，大约有10 000年的历史，但这些鹰嘴豆很小，可能是采集来的野生种。在以色列和约旦的青铜器时代遗址中出现了更大的种子，应该是被驯化后的样本。鹰嘴豆在公元前6000年到达希腊，又在几千年后到达法国，和其他豆子一样，最终到达非洲和印度。鹰嘴豆完全无法适应凉爽的天气，这就是它们在北欧地区相当罕见的原因。鹰嘴豆有两种截然不同的类型。一种是种皮光滑的大鹰嘴豆，在地中海地区很常见，被称为“卡布里”（Kabuli）；另一种颜色较深的小鹰嘴豆则在印度更常见，被称为“迪西”（Desi），可能在基因上更接近其野生祖先。后者可以在印度商店买到，被称为“卡拉查纳”（Kala chana），看起来就像小小的棕皮鹰嘴豆。和其他豆子一样，鹰嘴豆的颜色也非常丰富，不仅有红色的鹰嘴豆，还有乌黑的鹰嘴豆，十分有趣。

在古典世界中，鹰嘴豆主要用作餐后零食，或配上饮料在酒会上食用。事实上在柏拉图的《理想国》中，当被问及人们将在理想的城市里吃什么时，苏格拉底很自然地回答说，会吃小麦和大麦，以及他们离不开的葡萄酒、橄榄和奶酪。他也没有漏掉这些小吃——无花果、鹰嘴豆和蚕豆。他不想让人们痛苦，但也不会拒绝生活中最基本的快乐，只要不过度放纵就好。在典型的酒会上，人们不会像柏拉图一样除了进行哲学思考以外几乎什么也不做，而是像色诺芬记录的那样，有裸体的长笛女孩和酗酒者，而男人们会玩一种叫科塔博斯的游戏。这和现代的宿舍差不多。装在一种叫作基里克斯陶杯的平底酒杯里的酒则会被洒向墙上的目标。男人们开着粗俗的玩笑，为最近的奥运会争论不休，用古老的垃圾食品——鹰嘴豆来满足他们的食欲。有些事情永远不会改变。

然而，希腊人不一定认为这些都是不健康的，恰恰相反。盖伦认为，与其他豆类相比，鹰嘴豆不会引起肠胃胀气，而且更有营养。他甚至描述了他见过的几种烹饪方法：不是在城里，而是在乡下，当地人用鹰嘴豆做汤，或者用鹰嘴豆粉加牛奶煮汤。另一些人则将其整粒腌制，或者撒上一种类似面粉的干奶酪一同食用。鹰嘴豆可以鲜食，也可以烤后食用，这样可以减少肠胃胀气，但会更难消化。不过，他最奇怪的一句话是："人们相信，它会在制造精液的同时刺激性欲。"在接下来的2 000年里，几乎每一位饮食作家都会重复这一观点。一个半世纪后，诗人埃奥巴努斯·赫苏斯写下了这首诗：

> 精疲力竭，生殖器官精疲力竭，
> 需要豆子补充活力
> 他们用精液修复精疲力竭的生殖器。
> 也不允许男人伤害维纳斯

这也许就是普林尼把这种光滑的白色圆形鹰嘴豆称为“维纳斯的豌豆”的原因。他还声称，另一个品种类似于公羊的头部，早期的狄奥弗拉斯图也曾表达过这一观点，但在这里解释了拉丁学名中的种加词*arietinum*。显然，这种豆子上有两个类似羊角的弯曲小突起。也有文章说chickpea这个词源于它去皮的种子和小鸡的头相似——人们很容易就能注意到这一特征。罗马人在某种程度上会把鹰嘴豆视为穷人的食物，就像对待其他豆类一样。有句谚语叫“一个买烤鹰嘴豆的人”，指的就是一个穷困潦倒的人。

显然，在中世纪的烹饪书中，我们只能在有鹰嘴豆生长的意大利和西班牙地区找到它们的身影。由于基督教徒、穆斯林和犹太教徒几百年来使用相似的食材和食谱，我们很难将纯粹的基督教西班牙菜同穆斯林西班牙菜和犹太西班牙菜区分开来，唯一的区别就在于基督徒会使用猪肉，但有一道菜和犹太人有着密切的联系。这道慢炖鹰嘴豆与用蚕豆制作的哈明类似，名叫阿达菲娜（adafina）。它是虔诚的犹太人的招牌菜，会提前一天烹饪好并在安息日当天食用。在1492年犹太人被正式驱逐出西班牙之前，吃这道菜并没有什么问题，剩下的人则被迫改变信仰。西班牙宗教裁判所是古罗马宗教裁判所的一个分支，虽然在西班牙由国家控制，但其主要目的是在皈依者或“新基督徒”中根除秘密存在的犹太习俗。宗教裁判所以前对犹太人没有权力，如今公开或私下审判犹太人也是非法行为。因此，他们试图找到能够揭露那些没有完全皈依的前犹太人的方法。判断的方法很简单，如果一个人拒绝吃猪肉，或者会在周五晚上点蜡烛，同时喜欢阿达菲娜这道菜，甚至还能提供鹰嘴豆的话，那就是他们要找的人。正如大卫·M. 吉茨和琳达·凯·戴维森在《甜蜜的细雨》一书中所述，如果看到有人提供阿达菲娜，就可以作为证据在调查法庭上出示。

虽然犹太人的阿达菲娜食谱没有流传下来，但一种与它非常类似的炖菜——马德里炖肉（*cocido madrileño*）——今天在西班牙还有供应，也许是由拥有犹太血统的人制作的。我们似乎可以通过阅读犹太人在被驱逐一个世纪后出版的烹饪书充分了解这道菜，同时也能了解那些留下来的犹太后裔的风俗习惯。下文收录的是多明戈·埃尔南德斯·德·马塞拉斯的什锦煲（olla podrida）食谱，字面意思是“烂锅”，这么取名很可能是因为煮了很长时间。它与pot-pourris（大杂烩）

一词同源，类似的食谱在17世纪的欧洲随处可见，就连《堂吉诃德》中也曾提到过。想象一下，犹太食材取代了猪肉和野兔。

如何制作什锦煲

> 要做一份什锦煲，你必须准备肉类，包括：牛肉、咸猪肉、猪蹄、猪头、香肠、猪舌、鸽子、野鸭、野兔、牛舌，以及任何你想吃的肉，再配上鹰嘴豆、大蒜和萝卜。把所有的东西混合在一口锅里，加上香料，煮很长时间；煮熟后，加上葡萄芥末或者其他种类的芥末，撒上欧芹，一道完美的菜肴就这样做好了。

最近，一场关于鹰嘴豆的有趣战斗正在展开，尤其是围绕法拉费（falafel，炸鹰嘴豆丸子）这一食物。以色列人声称这是一道国菜，因为它在以色列很受欢迎，街头巷尾随处可见。20世纪50年代，一首以色列流行歌曲《我们有法拉费》中唱道，尽管新犹太移民过去常常亲吻地面，但现在他们下飞机后做的第一件事就是吃法拉费。巴勒斯坦人声称，就像这片土地本身一样，这道菜也是“偷来的”，因为它在该地区流传了数百年，理所当然地属于阿拉伯文化。当然，这道菜的起源尚不明确，但人们或许能追溯到一道更早的菜肴，最有可能追溯到埃及，那里类似的菜是用蚕豆制作的。任何一个民族都能拥有法拉费当然是一个荒谬的想法，但它也说明了一个非常普遍的趋势——把一个民族与某种特定的食物联系起来，然后将其视为国家认同的一个组成部分。就像美国人可以宣称法兰克福香肠和汉堡是典型的美国食品，几乎忘记了它们名字的来源，更不用说类似食品的更早案例了。这并不是要淡化这些民族之间冲突的严重性，只是用食物来展现这种冲突的方式十分有趣。

在整个地中海东部地区，还可以找到炸鹰嘴豆丸子的远亲。鹰嘴豆通常被磨成粉，做成各种各样的扁平馅饼。在尼斯的海滩附近，人们可以找到一种叫“索卡”（socca）的鹰嘴豆粉烤制的薄饼和一种叫“潘尼丝”（panisses）的油煎鹰嘴豆粉糕饼（传奇主厨爱丽丝·沃特著名的潘尼斯之家餐厅显然就是从这里得名的）。索卡有时会像卷饼一样在烤架上烹饪，但也可以放在烤箱里烘焙，使它变得更脆。在热那亚，一个更厚、更脆的版本被称为法里纳塔（farinata，鹰嘴豆烤饼）。在整片海岸地区周边都能找到类似的小吃。

油煎鹰嘴豆粉糕饼

煮一锅淡盐水。在搅拌的同时小心地摇入一袋鹰嘴豆粉，以防结块。慢炖，持续搅拌，直到混合物变得很稠，这个过程可能需要40分钟或更长时间。加入一些黄油，如果你喜欢帕尔马干酪和胡椒粉，也可以加入锅中。到目前为止，做出来的东西和玉米糊差不多。把热糊倒在木板上，将边缘拉直，形成一个均匀的正方形。待豆糊冷却并完全凝固至少几个小时后，将其切成薯条状。用一口深锅加热植物油，将切好的豆糊放入油中煎至完全酥脆。用纸巾沥干，加入卡玛格海盐调味。（如果这种食物在美国流行起来，一定会比炸薯条卖的价格更高。）

木 豆

在所谓的“豌豆”中，知名度较低的是木豆（*Cajanus cajan*），又名鸽子豌豆、刚果豌豆或贡加豌豆。在加勒比地区，木豆又叫gandules，人们认为它诞生于热带炽热的太阳里。每一颗木豆的迷人曲线都是从一个狭小密闭的豆荚中凸出，内衬着深紫色的边框。木豆的味道十分浓郁，特点鲜明，能够搭配来自世界各地的各式菜肴，比如波多黎各、肯尼亚、马来西亚。我们可以在东南亚的商店和农贸市场里找到新鲜的木豆，也可以在拉丁美洲的杂货店里找到罐装的干木豆。从外观上看，木豆和豌豆类似；而在烹饪方式上，木豆也毫不掩饰自己与豆类的关系。木豆很可能起源于印度，在那里，它被称为山谷木豆。同鹰嘴豆（印度黄豆）和黑吉豆（印度白豆）的处理方式一样，人们剖开豆荚，将豆粒与香料一起煮熟直至煮烂。到目前为止，世界上绝大多数木豆都分布在印度。木豆以此为起点，基本上蔓延到了每一个不适合豌豆生长的干燥热带地区。在东非，木豆找到了一个适宜生存的家园，不过也有人认为它起源于这里。木豆和奴隶贸易一起传入多米尼加共和国，成为那里广受欢迎的一种食物。

木豆饭（arroz con gandules）是拉丁菜中的一大特色，通常需要用罐装木豆和“西班牙式”调味包制作。这种做法既融合了现代便利的实惠，也体现了生产商高超的营销技巧。不过，最正宗的做法最好是用干木豆，以及以洋葱、大蒜、胡椒和香菜为原料的新鲜自制调味料。以下是我自己的食谱：

木豆饭

将没有浸泡过的干木豆、洋葱放入大锅中，不要加盐，煮一个小时左右直到变软。木豆沥干后搁置一旁，保留半杯煮木豆的水。接下来是制作调料：先把洋葱切碎，然后慢慢加入大蒜、青椒或红甜椒，最后加入切碎的番茄；慢慢煮，直到颜色变深，质地变稠。把调料推到锅的一边，放几片西班牙辣香肠，以及孜然、辣椒和胡椒等香料，炒至棕色。然后加入米饭，搅拌几分钟，让米饭吸收味道。再加入木豆和煮木豆的水、2杯水或鸡汤，少量的胭脂树果（在拉丁市场上也被称为胭脂树橙），这些食材刚好能把这道菜染成黄色。煮沸后盖紧锅盖，小火慢炖约20分钟。

肯尼亚和乌干达也有类似的做法；在斯瓦希里人中，他们用椰奶和最初从印度进口的香料来烹饪这道菜。

本章中提到的三种“豌豆”都与豆子有一定的区别，这种区别不是生物学上的，而是概念上的。不知怎么的，它们的大小和圆度让我们觉得它们同卑微的豆子有很大的不同。

这一区别，以及青豌豆占据了一个完全不同的烹饪领域的事实，解释了它们在世界范围内的持续流行，也解释了为什么它们很少被污蔑为穷人的食物。

第六章 怪物和坏蛋

每个家族都有自己的害群之马和怪物，豆类也不例外。只有与豆科中受人尊敬的成员相比，它们才显得奇怪，而且其中许多物种在世界各地都长势良好。有些豆子算是真正的“堕落者”，生存在人类食物供应的边缘，主要作为饥荒食物而存在。当然，这是因为其中许多物种是有毒的。尽管彼此之间没有任何关系，但将这几种豆子放在一章里集中介绍，主要是因为很少有读者了解它们。本章堪称“恶棍陈列室”，不仅收录了山黧豆、扁豆、野豌豆家族的物种，还收录了更鲜为人知的刀豆、黧豆和硬皮豆，以及外观奇特、足以获得最离谱豆类命名奖的四棱豆。

山黧豆（*Lathyrus*）在英语中被称为野豌豆或草香豌豆，可以在非常专业的意大利杂货店里买到。这种食材正在慢食运动*群体中复兴，成为一种正面临消失危险的翁布里亚传

* 宣扬传统有机栽种法及强调美酒与美食鉴赏的农业运动或美食运动。——译注

统食品。它看起来像鹰嘴豆，但体形更小，质地更坚硬。对了，它还有毒。印度是种植山黧豆最多的国家，在那里，它叫khesari，被认为是穷人的食物。由于这种坚韧的小豆子能经受住最严重的干旱，所以能够在饥荒时期成为人们的依靠。这正是山黧豆的真面目。如果只吃这种豆子而不吃其他东西，那么人类（出于某种原因，主要是年轻人）将患上山黧豆中毒这一退行性疾病。它开始于神经毒素造成的脊髓和下肢退化，导致步伐短、行走困难等不可逆的症状。在严重的情况下，它会引发抽搐、瘫痪，有时甚至会导致死亡。印度的一些邦已经宣布种植山黧豆是违法行为。偶尔吃山黧豆并不会有什么危险，只有在几个月内每天过量食用才会造成严重后果。据说彻底浸泡和烹饪也能过滤掉大部分神经毒素，这种毒素到1964年才被发现，叫作β-N-草酰基-L-α，β-二氨基丙酸，简称ODAP。目前还不完全清楚这种疾病是如何发展的，奇怪的是，吃山黧豆的人中有95%不受影响。然而，早在2000年初，埃塞俄比亚饥荒中就出现了这种流行病。

对山黧豆的禁令，虽然表面上是为了公众利益，但实际上也产生了负面影响。由于只有最贫穷的人才会在其他作物都歉收的时候吃山黧豆，因此禁令的影响可能并不大。显然，在17世纪末和18世纪初，欧洲禁止食用山黧豆，但到了几百年后的第二次世界大战期间，人们仍在大量食用这一植物。此外，禁止食用山黧豆时，关于改善这一物种的研究往往会被人忽视。在澳大利亚西部有一些非常热心的科学家，他们刚刚研发了一种名为Ceora的无毒品种，尽管这一品种是为牛，而不是为人类准备的。除了怀旧的翁布里亚人和贫穷的印度人能接受山黧豆以外，在其他人眼中，山黧豆仍然是一个顽固不化的怪物。山黧豆的近亲香豌豆（*Lathyrus odoratus*）巧妙地用鲜艳的花瓣和浓烈的香味把自己伪装起来，在许多花园里都有它的身影。尽管香豌豆最著名的名字是“甜豌豆”，但它也是一种有毒植物。

以前的分类结果曾将扁豆（*Lablab purpureus*）命名为*Dolichos lablab*（人们必须谨慎对待植物分类的改变和众多的化名）。生扁豆是有毒的，它的种子中含有氢氰酸和氰化物。当然，如果烹饪得当，扁豆也可以食用。事实上，这一食物已经存在了几个世纪。它原产于非洲，如今在世界许多不同的地方都有生长。最容易买到扁豆的地方是中国的副食品店；在中国，扁豆又被称为猪耳豆，它的豆荚确实很像猪耳朵。扁豆的种子很大，呈椭圆形，引人注目且不易混淆。种子的侧面有一道长长的白色瘢痕，即种脐，就像带花边的美式足球一样。扁豆是蔓生的多年生藤本植物，主要作为观赏植物种植，有鲜艳的紫色花朵和豆荚，因此又名紫花扁豆。它的烹饪方式和其他豆子完全一样，能够保持它的形状和紧实的口感。

在古代，人们对扁豆展开了广泛的讨论。希波克拉底把它列入了容易排出体外、不会引起肠胃胀气且营养丰富的豆类。另一位饮食作家狄奥克勒斯声称，“扁豆和豌豆一样营养丰富且不容易胀气，但扁豆还是不那么令人愉快，也不易排出体外”。人们还不完全清楚这些文字到底指的是哪种植物，几个世纪后的盖伦也没有写清楚。盖伦说，这可能指的是一种通常用木桩固定并种植的豆，它的豆荚被称为loboi，虽然有些人把它叫作菜豆，但还是不能把它与豇豆混淆。尽管如此，当盖伦在罗马帝国写作时，扁豆和其他豆子一样生长，他的父亲也曾亲自种植并晒干储藏一些扁豆。

几个世纪后，这种困惑依然存在，特别是当新大陆的豆子到来，并被命名为菜豆（*Phaseolus*）的时候，人们假设扁豆实际上和现在豇豆属的豆子是一样的。直到过去的几十年里，植物学家才将这些豆子区分开，保留了古希腊语中的“菜豆”一词专门用于指代来自新大陆的种类。这就解释了17世纪作家梅尔奇奥·塞比兹乌斯为什么会宣称扁豆的品种来自美国、埃及、印度等地，并记录了“我们的厨师”准备绿色豆荚时，会去掉豆筋，切碎、煮沸后沥干水分，加入黄油、醋、肉汤、胡椒、盐、香薄荷和韭葱调味。“这道菜最好吃，最令人赏心悦目，就连最奢华的宴会都会准备这道菜。”然而，我们不知道他指的究竟是现代的菜豆（四季豆）还是旧大陆的扁豆，甚至是其他一些种类的豆子。在这两种情况下，很明显，四季豆在概念上与干豆完全不同，干豆是为普通大众保留的。同样有趣的是，这些豆子最终在西方被新物种所取代，以至于在欧洲和美国几乎没人知道它们也可以成为食物。

有数十种代表的野豌豆与蚕豆一样都属于蚕豆属。尽管它们被普遍地斥责，却一直都会被人类当作食物。它们像杂草一样自然地出现在麦田里，悄悄地侵入花园。救荒野豌豆（*Vicia sativa*）以及它的低等亲戚——毛苕子和苦苕子——实际上都只是有意识地被当成动物饲料来培育。只要不是吃得太多，马的胃足以消化它们；但对于像老鼠和家禽这样的单胃动物而言，食用野豌豆则会导致死亡。野豌豆的成分中含有 γ-谷氨酰 β-氰丙氨酸，这些毒素会影响硫氨基酸的代谢。然而，对于人类来说，它们已经被公认为是欧洲饥荒时期最普遍的救急食品。

史前时代的人类就已经开始食用野豌豆，在土耳其和巴尔干半岛的新石器时代遗址中也发现了野豌豆，但没有迹象表明人类到底如何食用野豌豆，因为在历史上，人们普遍认为野豌豆不好吃，只适合动物食用。盖伦曾说过：“在我们自己和许多其他国家，牛最初吃的是用水加糖的苦苕子，但人们绝对不吃它的种子；因为它令人反感，让人心情不悦。但是，正如希波克拉底所记录的，有时在严重的饥荒中，人们迫不得已才会吃它。”希波克拉底声称，野豌豆会引起膝盖疼痛，而迪奥斯科里季斯则说它会导致尿血。然而，在《养生法》中，希波克拉底的另一位作者写道，苦苕子“具有约束力，能起到强身健体、增肥、填饱肚子的作用，并给人带来好气色”。这至少证明人们确实吃过它们。

在中世纪和近代早期，人们继续种植野豌豆来饲养牛，饥荒时期也会在野外采集野豌豆。据说，在1135年的饥荒期间，圣伯纳德修道院的人们吃过用野豌豆做的面包。草药学家约翰·杰勒德记录了1555年饥荒期间贫民与黄色野豌豆的故事。当时，贫民非常缺乏食物，却奇迹般地得到了黄色野豌豆的帮助。在萨福克郡海边的一个地方，到处都是坚硬的石头和鹅卵石，那里长满青草，看不到任何土地；黄色野豌豆就在这个贫瘠的地方突然出现，未经任何人工播种或耕作。于是，大量的贫民在那里聚集，按人数的判断，甚至达到了一百多个群体。

杰勒德指出，黄色野豌豆可能一直生长在那里，人们只有在挨饿时才会注意到。野豌豆在民间医学中也占有一席之地。据报道，女性会将野豌豆种子浸泡在葡萄酒或牛奶中，制成一种据说可以提高母乳量的汤剂。

然而，在现代，野豌豆只被用作饲料。19世纪，J. M. 威尔逊的《乡村百科全书》中指出了野豌豆作为动物食物的重要性。“在格洛斯特郡和伍斯特郡，他们种植苕菜给放牧马匹食用，并且早早收割以便在同一季节播种萝卜。在萨塞克斯郡，苕菜的地位举足轻重——没有苕菜，就有十分之一的牲畜无法养活，马、牛、羊、猪都以它为食。”

野豌豆，特别是现代种植的叫作布兰奇鸢尾的品种，在去皮和裂开后很像红色的小兵豆。20世纪90年代初，一些无良的澳大利亚出口商甚至成功将这些产品卖给了印度，当科学家马克斯·塔特指出其中的潜在危险时，这一做法立刻引发了巨大争议。与此同时，一名埃及进口商起诉一家美国公司销售给他们所谓的“慢煮”兵豆，而这确实是区分两者的唯一方法。一包兵豆大概需要15分钟的时间来烹饪，而野豌豆则需要一个小时。所有这些都导致了野豌豆被广泛禁止种植和出口。不过科学家们一直在努力开发能够作为动物饲料的低毒性品种。

直生刀豆是豆类家族的另一种怪物，它又叫杰克豆，拉丁学名为*Canavalia ensiformis*，意思是剑形。我们可以称它为“狂刀杰克”，因为它巨大的豆荚确实像致命的弯刀一样。直生刀豆原产于美洲，和其他不讨喜的豆子一样，它也是有毒的：如果直接生吃，类毒素和其他各种物质会使它变得非常危险。这当然是对植物的一种保护，可以帮助植物避开捕食者，通过第一口咬到的苦味来警告它们。人类的聪明才智解决了这个问题，人们发现，长时间浸泡和煮沸可以去除直生刀豆的毒性。在印度尼西亚，人们会把它放入自来水里几天，发酵后再烹饪。由于人类的关注和谨慎，几乎所有东西都可以被当作食物。毒性并不能阻止我们加工这些食物，正如我们看到的那样，如果不是因为发明了巧妙的加工方法，大豆很可能也会被归入这些怪物中。如果生食，就连菜豆也是有毒的。但人们偶尔也会被直生刀豆毒死，尤其是在中美洲地区，因为在那里，幼嫩的豆荚通常会被当作蔬菜食用。

我们甚至不敢细谈豆类家族中最令人发指的有毒恶魔——来自西非的毒扁豆（*Physostigma venenosum*）。它永远不可能成为食物，而是被用于那些疑似使用巫术的人的“磨难豆”，只有极少数在其致命毒性下幸存的人才能被赦免。也有人说，人们会用这些豆子“决斗”，参与者每人吃下一颗豆子，看谁能活下来——这堪称纯天然的俄罗斯轮盘赌。

黧豆原产于印度，也是一种抗旱性强、营养价值高的豆科攀缘植物，它的属名原为*Stizolobium*，现在是*Mucuna*。我们很难说这种豆子究竟是一个花言巧语的骗子，还是一个真正的救星。黧豆中含有左旋多巴，占裸露种子的6% ～ 9%，比蚕豆中的含量还要高。作为一种治疗帕金森病的药物，左旋多巴已经创造了奇迹，尽管它的持久效果仍然存在争议。对部分人来说，左旋多巴会引起恶心，造成一系列神经症状，如肌肉痉挛、不规则心跳和多动，如果持续使用，甚至可能会引起精神病。据报道，莫桑比克曾暴发过群体性精神病，起因就是这种黧豆。好在经过彻底的烹调，左旋多巴会变质。人们或许会认为刺毛黧豆（*Mucuna pruriens*）的拉丁学名体现了该物种的特点，但实际上它的意思是痒。尽管如此，人们很容易发现它经常被用作性欲增强剂，以胶囊的形式来销售。实际上，几个世纪以来，黧豆已经在阿育吠陀医学中得到了广泛的应用。最近的研究调查了它在刺激生长激素和肌肉生长方面的作用，这也是它作为替代药物广受欢迎的另一个原因。据说它还能提高睾丸激素水平。甲之蜜糖，乙之砒霜。在非洲，黧豆被当作食物，人们总是会把它煮两次，沥干水分后食用。在危地马拉和洪都拉斯的凯池，它成为一种绿色蔬菜，被联合水果公司引入该地区后成了运输香蕉的骡子的饲料。在南美洲，人们将烘烤后的黧豆当作咖啡替代品，称为营养咖啡（nutria café）或只是简单的咖啡（nescafé）。

硬皮豆（*Macrotyloma uniflorum*）是生活在东南亚地区的另一种豆科植物，无论是从社会地位还是从土壤分布上来说，它都是生活在边缘的物种。据说它是印度数百种豆类中最便宜的一种，因此与贫困息息相关。硬皮豆中也含有毒素，烘干后再煮沸或油炸可以有效将其破坏。在缅甸，人们会用它酿造酱油。硬皮豆虽然并不完全有毒，但对人体也不是很好——它含有大量的草酸，草酸会与钙和铁结合阻碍它们的吸收。在安得拉邦，它被用来制作一种叫“瓦拉瓦菜”（vulava charu）的传统菜肴，这是一种在寒冷的天气下食用的细腻豆泥，用罗望子、洋葱、辣椒、芥末籽、孜然和香菜调味，通常配上米饭一起吃。

在豆科家族中，不乏一些骗子和伪装艺术方面的高手。

它们小心翼翼地隐藏着自己的祖先，说服我们以明显不同于其他豆类的方式食用它们。其中最令人意想不到的就是花生（*Arachis hypogaea*）。它从南美洲传入非洲，又从非洲传到美国南部，最终成为主要工业作物。虽然也属于豆科，但这种邪恶的植物却把自己的果实埋在地下，通过烘烤后装进罐子里或磨成细糊来隐藏自己的身份。当然，在现代社会，花生通常只是伪装成坚果，但种种特征表明它肯定属于豆科。和它的远亲大豆一样，花生也因其高品质的油脂在现代食品工业中找到了一席之地。其中一种不太为人所知的非洲近亲——地果豇豆（*Vigna subterranea*）经常采用和其他豆类相似的烹饪方式，往往连同新鲜豆荚一道煮熟，或干燥后磨成粉。还有另一种名叫豪萨花生的植物则与上文提到的硬皮豆类似。如今，这两种作物都还在种植，但在绝大部分地区都已被花生取代。

酸豆是另一种善于伪装的豆子，它伪装成了水果。实际上，人们通常吃的是这种植物的果肉，而不是它的种子，虽然在紧急情况下，种子也可以通过烤、煮或磨成粉的方式食用。酸豆的拉丁学名*Tamarindus indica*可以说并不恰当，它的种加词意为“印度的印度日期”。这一物种原产于非洲热带地区，但在古代，当它到达欧洲时，人们以为它来自印度，因此造成了这一乌龙。这种酸甜美味的果肉可以像水果一样新鲜食用，也可以晒干后加工成块状，像糖果一样与热带地区的各种蔬菜、鱼类和肉类菜肴混合食用。印度人会煮食未成熟的新鲜豆荚，而在巴哈马群岛，当地人则会将其烤熟食用，因此又被称为“膨胀”。在墨西哥等地，酸豆被制成提神饮料，还是辣酱油中的标志性风味来源之一。

长角豆（*Ceratonia siliqua*），又名圣约翰面包，也是一种伪装成调味品的豆子。这种植物的黑色豆荚质地坚韧，味道浓郁，与巧克力不相上下，经常被用作巧克力的替代品。通常情况下，人们加工和食用的是它成熟的豆荚而非种子。这些豆荚的大小和质量出奇一致，以至于成为古代的一种测量单位，称为“克拉”（keration）——如今，用来描述钻石质量的“克拉”（carat）正是源于该词，1克拉等于200毫克。克拉和开（karat）不同，开指的是黄金的纯度，当然更不能和胡萝卜（carrot）混为一谈。这种豆子也被称为“蝗虫豆”，因为它曾经被认为是圣约翰在沙漠里吃的“蝗虫”。从长角豆中提取出的胶能够作为增稠剂被广泛应用于食品技术中，以防止冰淇淋的结晶和糕点奶油中如同流泪一般的液体渗出。长角豆也是犹太节日——犹太植树节的传统食物之一，在古埃及还会被用于木乃伊制作。这种植物的产量惊人，它应该得到人们更多的了解。每年，我办公室对面街道上那棵美丽的长角豆树上都要长出一大堆豆荚。

令人意想不到的是，豆薯（*Pachyrhizus erosus*）又称山药豆，也是一种豆科植物，我们通常食用的是它膨大的块根（生食或熟食皆可）。16世纪时，西班牙人将它引入东南亚地区。这种植物在安第斯山脉和亚马孙地区也有亲戚。成熟的豆薯种子中含有有害鱼藤酮，尽管它被认为是一种“天然有机的”杀虫剂，但对人类还是有很大毒性。豆薯产生这种毒素是为了抵御捕食者，可惜它没有想到，人类会食用它的根部。

另一种根茎可食用的豆科植物是洋甘草（*Glycyrrhiza glabra*）。它不像豆薯那样口感爽脆，而是味道浓郁、香甜，同时还具有药用价值。糖果爱好者一定很熟悉它的名字。洋甘草原产于地中海和亚洲，几个世纪以来一直被用于药物配制，但大剂量使用也会带来风险。最近的研究发现，洋甘草会导致精子数量减少。不管怎么说，绝对没有人会去吃它的豆荚和种子。

人们永远不会认为胡卢巴是一种豆科植物，但正是这种经过干燥和研磨的小豆子构成了独特的东方香料。它的拉丁学名 *Trigonella foenum-graecum* 的意思是小三角形，指的是希腊干草的花朵。在古代，胡卢巴被用作牛饲料，但希腊人和埃及人也会把它的种子当作药物用于木乃伊防腐。这种暗褐色的香料散发出一种诱人的气味，让人想起枫糖浆，而它确实会被用于制作人造糖浆。

除了善于伪装的豆子，还有很多豆类植物在它们本土栖息地之外并不为人所知。许多物种仍未得到开发，其中有些是大树，有些物种还有毒，这就解释了为什么很少有外人对它们感兴趣。尽管如此，作为鲜为人知的远亲，它们应该在豆类家族的传记中占有一席之地。

首先是食用刺桐（*Erythrina edulis*）。它生长在南美洲安第斯山脉潮湿的亚热带森林中，其中哥伦比亚分布最多。它的豆荚紧紧地扎在一起，鲜红色的花朵从树枝上伸出来，看起来就像珊瑚一样，其学名的希腊语词根也有鲜红色的意思。和其他的豆类相似，有时，食用刺桐也会被称为“穷人的豆子”，它的种子可以煮熟或磨成粉后制作蛋糕、糖果和汤。

四棱豆（*Psophocarpus tetragonolobus*）的拉丁学名看起来有些古怪，它的意思是“嘈杂的水果”，因为它的豆荚成熟张开时会发出巨大声响，以及“有四个角的裂片”。它也被称为翼豆，因为它有着四面羽状的壮观豆荚。四棱豆全身是宝，它的每一个部分都可以食用——叶、茎、花，甚至根都可像土豆一样被食用，所以它值得被更多的人了解。它淡蓝色的花朵也被用来给米饭和糕点上色。四棱豆的干豆呈圆形，白色、黑色或红色都有，与大豆相似。它营养丰富，蛋白质和含油量都很高。和大豆一样，四棱豆也会被制成豆腐、豆豉和豆浆。有语言学证据表明，四棱豆原产于热带的巴布亚新几内亚或热带非洲，那里曾有过许多不同种的四棱豆，但它们今天生长在热带高原，主要分布在印度、泰国和印度尼西亚。

20世纪70年代，人们对四棱豆产生了短暂的兴趣，认为它是一种神奇的食物，可以帮助发展中国家抵御饥饿。只可惜这种豆子变化太多，只有在特定的日照和适宜的热带环境下才能生长，既需要大量水分，又要求排水良好。近来，新研发的日中性品种重新唤起了人们对这种植物的兴趣。

*Acacia*植物十分常见，它们的豆荚表明其与菜豆有着明显的亲缘关系。澳大利亚土著居民使用的*Acacia*植物种类多样，例如无脉相思树（*Acacia aneura*）、短穗相思树（*Acacia brachystachya*）、长叶相思树（*Acacia longifolia*）、奥氏相思树（*Acacia oswaldii*）等。人们将它们的种子磨成坚果般甜而脆的咖啡色调味品，叫作金合欢籽。有趣的是，现代澳大利亚人会在各种各样的新场景中使用金合欢籽，比如用于烘焙食品和糖果中。阿德莱德的一家巧克力制造商发明了一款华丽的巧克力，上面撒满金合欢籽。全球范围内，该属的植物种类也十分多样：来自埃及的阿拉伯金合欢（*Vachellia nilotica*）是历史上重要的增稠剂——阿拉伯树胶的来源。在苏丹，金合欢则被当作蔬菜食用。*

西黄芪（*Astracantha gummifera*）是黄芪胶的来源。黄芪胶原产于伊朗西部的扎格罗斯山脉，是一种古老的增稠剂，

---

* 在传统分类中，广义金合欢属（*Acacia*）包括狭义金合欢属（*Vachellia*）与相思树属（*Acacia*），但分子研究表明这两个属应分开。本书第一版写于2007年，此处*Acacia*指的是广义金合欢属，模式种即为阿拉伯金合欢。——编注

并为狄奥弗拉斯图所知。在希腊语中，黄芪胶是山羊角的意思，因为这种从树上渗出的汁液看起来很像山羊角。如今，它被用于各种食品工业加工中，如沙拉酱、蛋黄酱、牙膏、冰淇淋和糖浆。这种胶也可以被当成香来焚烧。近几十年来，由于伊朗和美国之间的贸易中断，这种胶不再像以前那样被广泛使用，取而代之的是瓜儿豆胶和刺槐豆胶。来自中国的一个近缘种黄芪（*Astragalus membranaceus*）数百年来一直是传统医学中的泻药和壮阳药，用于给身体补充能量，提高抵抗感染的能力。在现代西医中，这一植物也得到了广泛的关注。

在印度，瓜儿豆（*Cyamopsis tetragonoloba*）常被当作蔬菜和豆类食用，梵语中又称bakuchi。在阿育吠陀医学中，瓜儿豆粉可用于治疗皮肤病。虽然在西方很少有人熟悉这种豆子，但其实我们经常以瓜儿豆胶的形式吃到它，其中含有半乳甘露聚糖。瓜儿豆胶是一种会在水中凝结的增稠剂，能用于加工冰淇淋等各种食品。它也具有工业用途，可应用于造纸、纺织品甚至炸药的制造中。

零陵香豆（*Dipteryx odorata*）原产于圭亚那、委内瑞拉和巴西亚马孙雨林中，生长在大型硬木树上，种子发酵后会在外部形成药物香豆素结晶。香豆素的气味很好闻，是治疗蛇咬伤和抽搐的传统药物。今天，它也被用作抗凝剂和抗痉挛剂，并被加工成药物香豆定（苄丙酮香豆素钠制剂的商品名）。它还被广泛应用于香水工业，曾用于烟草调味，在墨西哥还是香草的添加剂。这种掺假的香草精一度被怀疑是致癌物质，美国已经禁止与所有其他用于食品的香豆制品一起食用。在加勒比地区，它又被称为“许愿豆”，因为巫毒教会将它用在爱情咒语中。

榼藤（*Entada phaseoloides*）来自东南亚，在澳大利亚北部也被称为圣托马斯豆或火柴盒豆。焙烧、浸泡、洗涤、煮沸等工序可去除其毒性。榼藤在柬埔寨传统的新年节日中扮演着重要的角色，在一种叫作da leing的游戏中，年轻人排成两排，互相投掷巨大的榼藤子。榼藤的近亲巨榼藤（*Entada gigas*）又名麦基豆、镍豆或海心，生长在红树林沼泽或死水潭的巨大缠绕藤蔓上。澳大利亚北部的土著居民会将它收集起来作画卖给游客，当然，他们也会把它当作食物。当地人会将其装在“网袋”中用自来水中浸泡数小时，然后捣碎做成馅饼，作为传统的“丛林食物”食用。

北美肥皂荚（*Gymnocladus dioicus*）拉丁学名的字面意思是“光秃秃的树枝”，因为这种树一年中有半年的时间没有叶子，是北美东海岸地区的乡土树种，肯塔基州分布最多。据说这种豆子经过烘焙、研磨后，会被殖民地拓荒者们当作咖啡代用品，所以它又被称为肯塔基咖啡树。北美肥皂荚的种子生吃有毒，但当烘烤几个小时后，有毒的生物碱胱氨酸就会被破坏。北美肥皂荚的豆子本身也很漂亮，生活在布朗克斯附近的读者可以在纽约植物园教育大楼后面的小路上找到一些最壮观的标本。

印加豆（*Inga edulis*）又称冰淇淋豆，原产于巴西亚马孙地区。这种树的豆荚很长，里面长着甜的白色果肉，可以挖出来生吃，据说味道就像香草冰淇淋。还有其他类似的物种也会被称为冰淇淋豆，但往往没有印加豆的品质好。哥伦比亚的美洲原住民会将果肉发酵，制成一种名为cachiri的酒精饮料。

栗檀（*Inocarpus fagifer*）生长在萨摩亚群岛、塔希提岛以及印度尼西亚。它被称为波利尼西亚栗子，其味道显然和栗子相似。同样地，人们也会把栗檀煮熟或烤着吃，不过和其他豆科植物一样，栗檀种子也是长在豆荚里的。

银合欢（*Leucaena leucocephala*）又名铅树，是一种来自热带美洲的灌木。玛雅人和扎普特克人都有吃银合欢种子的传统，当种子变绿后，就可以加到莎莎酱中。今天，它也在整个太平洋地区广泛种植。在菲律宾，它常被当作绿色蔬菜。成熟的种子也可以烤成脆脆的小吃。加勒比地区的人经常把银合欢种子制成珠宝。

大叶球花豆（*Parkia leiophylla*）也被称为生长在西非热带地区的非洲槐树。经过加工和发酵的大叶球花豆种子可以制成一种用来作汤和炖菜的调味料，名为dawadawa。如今，这种调味料越来越多地由大豆制成。过去，当地妇女会小规模地制作这种晒干的调料球，然后在市场上出售，以补充她们的收入。爪哇球花豆（*Parkia javanica*）与大叶球花豆相似，东南亚人会食用长在黑色长豆荚里的新鲜果肉和种子。

季科豆（*Pithecolebium lobatum*）来自印度尼西亚。生的季科豆含有一种会引起膀胱炎和血尿的毒素。只要将种子埋在地里，发芽后去掉豆芽，再煮熟，经过一系列长时间的处理就可以避免给人体造成伤害。生季科豆带有一种难闻的气味，油炸后就会消失。还有一种原产于墨西哥南部的瓜亚莫恰尔豆（*Pithecelobium dulce*），后来被带到了菲律宾，现在被称为马尼拉罗望子。瓜亚莫恰尔豆的果肉味道酸甜，适合生吃或制成饮料。

牧豆树属（*Prosopis*）中包括许多原产于北美的物种。在美国，它最著名的名字是mesquite。该属中包括三种主要物种：腺牧豆树（*Prosopis glandulosa*）、柔毛牧豆树（*Prosopis pubescens*）和丝绒牧豆树（*Prosopis velutina*）。除了用于烧烤的芳香木材外，在美国东南部地区，当地人会将整个豆荚磨成粉使用，这也是史前美洲原住民最早的食物之一。值得注意的是，尽管牧豆树粉很甜，但它消化得很慢，也不会像其他碳水化合物那样造成血糖水平的急剧上升。因为牧豆树中的糖分以果糖的形式存在，所以可以用来控制糖尿病。事实上，人们推测之所以如今美国西南部土著部落中糖尿病发病率急剧上升，部分原因就在于用其他高度加工的碳水化合物和糖类取代了牧豆树。牧豆树粉也是那些对慢食运动感兴趣的人会使用的传统配料之一，我们很容易就能找到大量关于它的烘焙食品配方。

柏油豆（*Bituminaria bituminosa*），有时也被称为阿拉伯补骨脂，是一种有点像三叶草的植物，在整个地中海地区都有分布。它又被称作沥青三叶草，因为压碎的叶子闻起来带有沥青的味道。柏油豆属（*Bituminaria*）植物主要被用于制作饲料，但它们也具有药用价值，可以治疗银屑病和白癜风等皮肤疾病。柏油豆的美国近似种食用补骨脂（*Psoralea esculenta*）又被称为草原萝卜，是西北印第安人的主要食物，也是刘易斯和克拉克*在储存食品用完后徒步穿越大陆时的食物之一。

非洲山药豆（*Sphenostylis stenocarpa*）生长在尼日利亚潮湿的森林里。在加纳，人们把它当成一种安全作物种植，用于女孩的青春期仪式。非洲山药豆的根和叶都可食用，这种藤本植物的种子和豇豆很像，通常会晒干后磨成粉，再裹上芭蕉叶煮熟。它与另一种被称为山药豆的植物豆薯没有关系，如上文所说，人们吃的是豆薯的块根，而不是豆荚。

在喀拉哈里沙漠和非洲南部，人们会吃食用异柱豆（*Tylosema esculentum*），又名马拉马豆或骆驼脚。据说，烘烤

---

* 指美国探险家梅里韦瑟·刘易斯和威廉·克拉克的远征。1804年3月，他们受杰斐逊总统之命率领探险队勘探前往太平洋沿岸的路线，于1806年9月返回。——编注

后的食用异柱豆种子尝起来就像腰果一样，还可以用来煮粥和做一种类似可可的饮料。传统的纳米比亚桑人既会吃食用异柱豆的种子，也会吃它巨大的根。食用异柱豆的根能够在沙漠中储存水分，幼嫩的根吃起来口感可与土豆或山药相媲美。食用异柱豆可能是世界上所有潜在豆类作物中研究最少的一种。

此外，还有许多我们称之为豆类，但完全不属于豆类的食物：比如原产于埃塞俄比亚、如今遍布整个热带地区的咖啡豆，以及来自墨西哥的可可豆和香草豆。其中，香草豆来自一种兰花，与豆类的相似度并不高。但这些物种和豆类的命运截然不同，它们被升华为神圣的饮料和风味奇异的调味品。墨西哥跳豆也不属于豆类，事实上，它是漆杨桃属灌木植物*Sebastiana pavoniana*的种子，里面生长了一种灰色小飞蛾的幼虫，正是这种幼虫使种子四处跳跃。最后要介绍的是诱人的斑点蓖麻籽，用它榨出的油曾被不情愿地灌进墨索里尼的政敌的喉咙里，造成的结果令人震惊；当然，蓖麻也不是豆子。它是地球上最致命毒药之一——蓖麻毒素的来源。想象一下，它披着美丽豆类的伪装，暗地里却在破坏豆类的名声。对于那些仍然对豆类感到恐惧的人来说，天真无邪、充满异国风味的糖果果冻豆或许能改变他们的看法。

第七章　绿豆和豇豆属：印度

印度是豆类与贫困相关的少数历史例外之一。正如我们所看到的，有一些小型豆类只在饥荒期间食用，或者被认为是次等的食物，但总的来说，人们对食用小型豆类这件事本身没有任何社会耻辱感。原因很简单：缺乏与肉类的竞争。如果以肉类的可获得性作为衡量豆类社会地位的依据，那么很明显，一个以素食为主的文明不仅会依赖豆类获取蛋白质，而且在观念上也会高度重视豆类。在欧洲，豆类是低贱且会污染环境的食物，而在印度，包括祭司婆罗门在内的最高种姓的人们却都热衷于食用豆类。

造成这一现象的原因是一则迷人的故事。人们在印度土著达罗毗荼人的考古遗址中发现了豆科植物。从某种意义上说，新月沃地的主要农业作物要么是在这里发展起来的，要么是兵豆和鹰嘴豆的近缘种在史前时代就被种了出来。印度次大陆上最早的先进文明大约在公元前2500年至公元前1800年就出现在巴基斯坦和印度西北部的印度河流域。哈拉帕和摩亨佐达罗等广阔的城市与古苏美尔和埃及的城市一样结构复杂、人口密集，说明当地人很可能与这些城市有过接触。这些地方种植了许多相同的食物，包括豆类。

然而，大约在公元前1500年，这些人屈服于一系列席卷整个古代世界的侵略行动。一个叫作雅利安人的印欧民族由此出现，他们的语言——梵语与古希腊语、立陶宛语和凯尔特语密切相关，表明了该民族的扩张范围。起初，这个民族的文化以牛为基础，与其他武士文化一样食用大量的牛肉。至于他们是如何成为牛的崇拜者的，将最终解释豆子在后来的印度文化中的重要性，也是食品历史研究中争论得比较激烈的话题之一。一些学者，如马文·哈里斯认为，这只是经济上的权宜之计。除了食用，牛的价值更多体现在提供动力以及粪便形式的肥料和燃料，最重要的是还能生产可反复利用的资源——奶制品。颁布禁止食用牛的法律正是出于这种实际考虑。

更可信的说法是，对牛的尊崇源于雅利安人的宇宙思想，最终成为印度教思想的一部分。简而言之，古老的《梨俱吠陀》解释说，所有的生命都是第一原始原则atman的表现，atman即“自我”。因此，所有的生物都是同一原始来源的平等后代。这一点有别于犹太教-基督教传统，他们认为，存在由一系列连续创造的生物组成的等级制度，正是这种制度赋予了人类管理其他动物的权力，但也赋予了人类食用其他动物的权利。在印度文明中，这种与生俱来的平等意味着所有生命都应该得到平等的尊重；谋杀任何生物都是犯罪。至少在原则上，不杀生、尊重所有生命的观点根植于最早的印度教经文中。尽管如此，他们仍然会吃肉，也形成了种姓制度，其中等级最高的种姓——婆罗门，吃的食物还是要比下层人丰富得多。这一切在公元前600年左右发生了改变，当时，饥荒和社会动荡席卷了这片土地。吃牛肉的婆罗门开始失去对人民的控制，因此他们决定重新改造自己以维持他们的统治地位。为了做到这一点，他们成为素食主义者并采用其他禁欲主义做法以实现其教义的全部内涵。通过比贫困人口更节俭、吃更少的食物，他们可以保持他们的道德和政治优势。与此相结合的是转世的想法—— 一个人在世的行为直接关系到下一世的生命形式，最高级的形式就是牛。

还有一种观点认为，有些食物天生就比其他食物更纯净。大蒜和洋葱等蔬菜就被认为是受污染的食物，而像牛奶、酥油以及和豆类一样有外壳保护的食物则是纯净的。因此，对牛的崇敬和对豆类价值的肯定相辅相成。

大约在这些思想融合的同时，另一位人物，即后来被称为佛陀的乔达摩·悉达多带着非暴力的教义和一种比他出身的婆罗门种姓更为严格的素食主义进入了人们的生活。佛教虽然没有在印度流传下来，但到公元前3世纪，在阿育王统治时期则被当作国家的官方宗教，而这种信仰可能反过来又影响了印度教，使其采取更严格的素食主义形式，这在今天印度南部的印度教中体现得最明显。具有讽刺意味的是，在其他地方的佛教徒中并没有这么严格。

这些思想以一种与西方文明中对豆类的贬低完全相反的方式促进了对豆类价值的肯定。因此，豆类成为印度必不可少的主食，是大多数人的主要蛋白质来源，甚至超过了历史上除美洲文化以外的所有其他文明。尽管大多数现代印度人不是素食主义者，但庞大的人口数量和高昂的肉类价格意味着大多数人仍然得依靠蔬菜获得大部分热量，主要来源就是谷物和豆类。

正如我们所看到的，印度很早就引入了像兵豆和鹰嘴豆之类原产于新月沃地的豆科植物。但是这片次大陆上也有它自己的物种，其中最重要的是亚洲特有的豇豆属（*Vigna*）物种，在印度被称为gram，包括：绿豆（*Vigna radiata*）、黑吉豆（*Vigna mungo*）、乌头叶豇豆（*Vigna aconitifolia*）和赤小豆（*Vigna umbellata*）。走进任何一家印度杂货店，你都会淹没于豆子的海洋。这些都是最普通、最小的豆子——乌头叶豇豆很不起眼，赤小豆则和它的英文名（rice bean）一样，大小跟一粒米差不多。它很快就能煮好，处理起来不会像其他豆子那么麻烦。

在印度的杂货店里，可以找到完整的豆子，但通常买的时候都已经破裂开了，并贴着“木豆”（dhal）的标签。这个词直接来源于梵文，本意是破裂而非豆子。“dhal”一词还代表用这种豆子制成的菜肴，那是一种可浓可稠的糊状物，几乎是印度菜的普遍搭配，通常用汤匙盛在米饭上，由煎饼舀起来吃或直接吃。“木豆和煎饼”（dhal and bread）这个词是印度人对食物的隐喻，它们与蔬菜和淀粉共同构成了印度烹饪的基本三要素。而近几个世纪以来，鸡肉和羊肉才成为烹饪的主流食材，在富人群体中表现得尤其明显。需要记住的是，印度人所说的“木豆”指的是各种破裂开的豆科植物，你会在这个名字下发现许多不同的豆子。有一种叫黄谷木豆（yellow toor dhal），通常裹着一层油性物质，烹饪前要把它洗掉。裂开的粉红色扁豆也被称为扁豆木豆（masoor dhal）；鹰嘴豆木豆（channa dhal）则是一种带壳裂开的小鹰嘴豆，由于其内部为黄色，所以看起来也很像裂开的豌豆。

在本章中，我们将重点关注原产于印度的豇豆属植物。黑吉豆通常是黑色的（完整的黑吉豆叫kali，意思是黑色），裂开后却成了白色，称为白豆木豆（urad dhal）。白豆木豆被磨成粉后油炸，可以制成酥脆的pappadam；也可以在面糊中发酵，裹上美味的馅料，制成印度南部的大薄饼。绿豆木豆（moong dhal）则是裂开的绿豆，去掉绿色的种皮后里面是黄色的。有趣的是，最容易找到其他豇豆属植物的地方就是美食商店，在那里，赤小豆等物种以不同的商标名销售。完整的绿豆也很容易在亚洲的副食品店里找到。

豆类拥有独特而迷人的花朵，图中植物分别为：1. 驴食豆；2. 广布野豌豆；3. 春山黧豆；4. 豌豆；5. 牧地山黧豆；6. 林生山黧豆

兵豆

XVII, 3. 106. Leguminosae.
B
A
4
3
2
1
Gelbe Lupine.
426. Lupinus luteus L.

黄羽扇豆

雅各布 · 乔达恩，《豆王》

阿尼巴尔 · 卡拉奇，《吃豆的人》

XXIII, 3.
106. Leguminosae.
455. Ceratonia Siliqua L.
Johannisbrot.

长角豆

F. Domingo.

DOLICHOS TETRAGONOLOBUS.—Linn.—Blanco.
PSOPHOCARPUS TETRAGONOLOBUS.—DC.
VAR. MACROPTERUS.—Hassk.—Miq.

四棱豆

意大利法尔内西纳别墅“塞姬凉廊”壁画中的蔬果装饰

XVII, 3.
106. Leguminosae.
454. Phaseolus coccineus L.
Feuer-Bohne.

荷包豆

对豇豆属的分类学研究也是近些年才出现的事情。过去，豇豆属中的许多物种都被归到菜豆属中。到了20世纪70年代末，菜豆属这个名字被专门保留给新大陆的物种，豇豆属植物则与它们的近亲——非洲的豇豆和花生一起被重新分类。后来，从这些豇豆属植物中又划分出了亚洲豇豆亚属（*Ceratotropis*）。

豆类在印度文化中的历史重要性可以追溯到古代。吠陀仪式中的肃礼（shraddha）是豆类发挥重要作用的地方。这个词在梵语中的意思是“信仰”，与拉丁语中的credo（信条）一词有关，即“我相信”。该仪式会在人生的不同阶段举行，包括出生、婚礼和向死者致敬。它本质上是提醒人们，死亡并没有切断这个世界与祖先的联系。在朝圣时和日食期间也会举行这一仪式，因为人们认为它可以唤醒来自祖先的保护。但它最重要的作用就是葬礼仪式。仪式内容包括准备十天的饭团作为亡者灵魂的食物，从而使亡者能够在转世过程中拥有躯体。除了大米，仪式中只提供纯净的食品，包括无盐的蔬菜和豆类。在印度北部，通常是用煮熟的绿豆，而在南部则是把扁豆用牛奶煮熟并加糖。

早期的梵文文献中也提到了绿豆。在约公元前1000年的《夜柔吠陀》中，绿豆、黑吉豆和兵豆被统称为豆类（mudga）。考古证据表明，绿豆的实际种植时间甚至比这还要早。佛陀把包括绿豆在内的这些食物描述为“充满灵魂品质”

和“没有缺点”。几个世纪以来，绿豆与米饭、酥油和香料一起烹制成的食物被称为khichri或khichdi，即印度米豆粥，这种食物一直是印度代表性的晚餐，从中世纪起就给前往印度的游客留下了深刻印象。穆斯林旅行者伊本·巴图塔曾写道：“绿豆和米饭同煮，涂上黄油后就可食用。这就是当地人说的kishri，他们每天早餐都吃这道菜。”这个词及这道菜后来被英国殖民时期的kedgeree取代，即由米饭、鱼和鸡蛋混合而成的食物。下文列出的是我自己改进后的印度米豆粥食谱，做法很简单，同时也很接近原始的食谱，因为其中不包括从新大陆引进的植物——辣椒。还要注意的是，该食谱中只含有所谓“纯净的”食物。

印度米豆粥

将一杯左右的长粒米或印度香米放入水中反复冲洗直至清澈，洗净后备用。

将几片去皮的新鲜生姜捣碎，加入香菜、肉桂、小豆蔻籽（从青豆荚中取出）、姜黄根、胡椒，连同一片洋葱一道用研钵捣碎成糊状。慢慢加热一块黄油，待融化后的乳液凝固成棕色并在锅底沉淀后，倒出顶部澄清的油脂，制成酥油。在平底锅中用酥油将香料酱炒香，再拌入米饭，炒至米饭变成鲜黄色后加入碎绿豆。倒入满锅水，加盐，煮开。盖上锅盖，小火慢炖20分钟左右。煮熟后再倒入一些酥油并用叉子拨开，盖上盖子静置约5分钟即可上桌。

黑吉豆是绿豆的姐妹种，因为它们有共同的野生祖先。印度南方地区食用黑吉豆较多，主要是磨成粉后制成面糊，用来做印度蒸糕（idli），这种做法早在公元920年时就已经出现。如今，印度蒸糕和印度薄饼（dhosa）都是用含有米粉的发酵面糊制成，但据印度食品专家K. T. 阿查亚考证，中世纪的原始面糊似乎只用豆粉制作。在1485年的一次皇家宴会上出现了一种叫作卡杜布（kadubu）的相近食品。“国王们正在享受黑吉豆制成的卡杜布，它看上去像是一轮满月：好似一团薄雾聚集在一起，仿佛天上的甘露凝固成圆圈，又好像一滴月光变硬了。它既吸引人的目光，又使人心旷神怡。”时至今日，印度人仍然吃卡杜布，通常会在里面塞满美味的馅料。黑吉豆粉也会被用来制作酥脆的油炸印度薄饼和各种浸有糖浆的糖果。只要对发酵过程有一点耐心，在家就能轻松做出印度薄饼，饼里几乎可以填装任何东西做馅料，就像卷饼一样。

印度薄饼

按照如今的做法，大米和黑吉豆的比例通常是3：1或更多，但如果使用等量的大米和黑吉豆也能做出美味的薄饼，豆类风味同样浓郁。提前一晚把黑吉豆和大米分开浸泡。第二天，把它们和浸泡的水一起放进研钵里研磨，更轻松一些的做法是直接把它们放进搅拌机里，再加入足够的水和一点盐，制成黏稠的面糊。将面糊在温暖的地方至少放置

24小时，在此期间，面糊会因发酵变大，并产生酸味。将大号平底锅或煎锅加热，最好是用不粘锅，将满满一勺面糊旋到抹了油的锅中，待面糊呈棕色时小心翻面。这样做出的薄饼既酥脆可口，又柔软得足以裹住馅料。

豇豆属的其他植物在西方不太为人所知，但由于它们很新奇，因此也开始出现在美食商店里，只是并不起眼。纽约的格拉梅西酒馆中最近一直能买到这些货品。乌头叶豇豆的梵语发音为“moat”或“mat”，之所以被称为乌头，是因为它的叶子与致命毒药乌头类似，好在它们之间并没有什么关系。发芽的乌头叶豇豆加盐油炸可以制成零食。在印度西北部拉贾斯坦邦的比卡内，也有一种口感酥脆的小吃，名叫bhujia，是由一台小小的铜压机将辛辣的乌头叶豇豆面团挤压入热油中炸制而成。在过去，这种小吃主要依靠当地的小规模生产，但如今大型零食生产商也开始大量加工，导致家庭手工业陷入困境。虽然也有其他物种可以代替乌头叶豇豆，但这种植物的价值主要在于它的抗旱性强。乌头叶豇豆的主根很长，而且它会在浓密的草垫上匍匐生长，从而能有效地保持水分。

乌头叶豇豆的另一个亲戚是赤小豆。赤小豆的外观看起来很像大米，几乎和大米一样小，颜色和斑纹图案变化多样，十分有趣。印度的“传家宝莫卡辛”牌赤小豆比一般赤小豆稍长一些，种皮呈红色，微微弯曲，煮熟后看起来就像小人国的热狗。除此之外，它还有一个独特的长种脐。野生种赤小豆的分布范围从印度东北部一直延伸到泰国和越南，因此这种赤小豆最早可能在东南亚的某个地方被驯化。赤小豆是所有豆类中钙含量最高的，但由于豆荚破碎，很难采用机器收割，因此没有大规模种植出口。尽管如此，该物种还是出现在“传家宝莫卡辛”牌豆类产品目录和餐馆菜单中。

这些豆子的重要性及其在印度社会中的价值也得到了医学界的进一步支持。和西方一样，印度有一种被称为阿育吠陀的本土饮食体系，意思是长寿的科学或知识。这一传统中的经典文本被称为《遮罗迦本集》，一些评论家称它可以追溯到公元前1000年左右的吠陀经时代，尽管幸存下来的文本只能追溯到公元1世纪。这个饮食体系基于一系列的督夏（dosha）之上，这些督夏是控制生理系统的基本力量，类似于能量原理。例如，瓦塔（vata）控制运动、皮塔（pitta）控制消化和新陈代谢、卡帕（kapha）控制身体结构。我们吃的每一种食物都强化了一种特定的督夏，就像在体液系统中一样，这些力量的平衡可以维持健康。也就是说，皮塔太少会导致消化不良，过多则会导致炎症和脱水。在这个系统中，豆类被归类为一种瓦塔食物，有助于肢体运动，以及呼吸、循环、神经冲动，甚至思想的自由运动。然而，过多的瓦塔也会使人变得不稳定和过度活跃。因此，那些天生就带有过量瓦塔的人被告知不要吃豆类，而那些需要能量和提神的人则应该多吃豆类。对于大多数人来说，它们是一种理想且必不可少的营养形式，适合日常食用。尽管这一体系从表面上看与西方体液生理学有些相似，但对豆类的评价却截然不同；在印度，豆类被视为积极的食物。

在经济、宗教和医疗等所有因素的共同作用下，豆类在印度的整个历史进程中始终在饮食和文化领域获得了高度尊重。这种情况直到最近才开始改变，因为西方的饮食方式正在挑战传统饮食，在社会地位上升的人群中表现得更加明显。其他全球力量也对其地位产生了影响。

例如，自20世纪六七十年代所谓的绿色革命以来，印度农业的面貌发生了巨大的变化。人们引进现代技术，希望通过增加粮食产量来避免饥荒，并为日益增长的人口提供充足的食物。拖拉机、化肥、杂交品种都有望解决国家粮食供应不足的问题。然而，这些善意的策略产生了令人无法预料的后果。只有生产规模较大的农民才能负担得起这些新技术，而且为了增加产量，他们通常从几个世纪以来因地制宜、自给自足的多样化蔬菜生产方式，变成了单一种植少数几种作物并作为商品出售。尽管一些农民获得了巨大的利润，但大多数农民的情况显然变得更糟。此外，丰富多样的作物组合，包括耐旱的绿豆之类的小型豆类作物，让位于生长条件更苛刻、营养多样性更差的饮食。单一耕作降低了土壤肥力，使其对化肥的依赖性更强，再加上机器和燃料消耗，导致需要花费的钱更多。

农民变得更加依赖外国公司和资本，因为使用杂交、高产但通常不育种子的做法，注定杜绝了保存种子以待来年播种的传统方式。最终，这导致了本地传统豆类物种的消退。尽管科学家在这些物种身上看到了巨大的潜力，也理解多元文化对人类健康和环境的价值，但还是将全球经济的需求放在了首位。

然而，最具讽刺意味的是，这些曾经是穷人主食的小豆子，如今却出现在西方时髦的餐厅和美食商店里。如今，印度农民或许已不可避免地与全球贸易网络联系在一起，他们可能会尽最大的努力，用“传家宝莫卡辛”牌的豆子打入这些有利可图的特殊市场。无论好坏，世界都愿意为当地土著文化的真实体验买单。

赤　豆

虽然在主题上与本章的讨论明显不同，但在豇豆属的亚洲豇豆亚属中还有一个亲戚——赤豆（*Vigna angularis*）存在。赤豆的外形要比它的兄弟们大得多，而且穿着鲜艳的红外套，更加充满活力。它的味道也有点甜，会让你有想庆祝的感觉。毫不意外，这种喜庆的豆子通常会出现在糖果中。没有人知道它的确切原产地，但它主要生长在中国和日本，在这两个国家，用它制成的甜红豆沙深受人们喜爱。

在东亚，人们对豆类的态度也与西方有着天壤之别。那里的人对豆类本身并没有什么特别的歧视，但这与其说是由于贫穷者在经济上对豆类的绝对依赖，还不如说是因为东亚人倾向于将它们升华为高度加工的食品，而这些食物与概念上的豆子之间没有什么关系。想想豆腐、味噌和酱油就知道了。赤豆更接近真实的豆子，它的豆味更明显，与大豆相比，适口性也更强。也就是说，尽管赤豆通常会被捣碎放在甜甜圈里，但它并不会因为属于豆类而带来羞耻感。

这种红豆沙的用途也十分多样。它既可以包在包子里，也可以包在粽子里，包着红豆沙的粽子就像是中国版的玉米面团包馅卷。红豆沙也可以做成中秋节吃的月饼。在日本，人们会把红豆沙放在名为“大福”（daifuku）的甜麻糬中，并配上一种叫“蜜豆冰”（anmitsu）的冻琼脂小块。但赤豆最具庆祝意义的食用形式是制成红米饭（使用被赤豆染成粉红色的糯米），然后在上面撒上赤豆，一般会在婚礼和生日食用。在他们看来，红色象征着幸福。

红豆沙（日语称anko）也可以用来做汤，现在甚至还可以涂在吐司上。赤豆冰淇淋是它更为狂野的化身之一。在日本，人们也会把它包进一种叫“铜锣烧”（dorayaki）的松软煎饼里面。据说，古代有位武士在逃避敌人的过程中躲在一间简陋的农民小屋里。离开时，他留下了他的铜锣（dora）。足智多谋的农夫立刻把铜锣利用起来，当成模具在火上烤出了一个装满红豆沙的甜煎饼。这种糊状物制作简单，而且赤豆不需要预先浸泡。

红豆沙

取一杯左右的赤豆，和水一起放进锅里。烧开后捞出沥干水分。再加入清水和一把糖，煮大约一个小时直到豆子煮烂。你可以把它们做成块状，也可以用土豆捣碎机把它们捣碎，还可以用碾米机、食品磨粉机或加工机把它们压碎以获得细腻的口感。

在本章的最后，我要介绍一个发生在豇豆属成员——绿豆上的趣事，即如何把一颗小豆子变成一种半透明的“面条”。磨碎绿豆并浸泡，提取出来的淀粉就可以制成这种面条。中国（粉丝）、日本（harusame，意为春雨，也可以用土豆或大米淀粉制作）以及整个东南亚都有这种食物。它们是用途最广的食物之一，因为可以像其他面条一样浸泡、短暂煮沸、冲洗和处理。它们可以炸至酥脆，也可以用于拌汤、炒菜、凉拌沙拉甚至饮料。人们很难想象这些东西是豆制品。此外，绿豆也是最受欢迎和最广为人知的食材——豆芽的来源。

第八章　豇豆：非洲的“灵魂料理”

豇豆（*Vigna unguiculata*），又名黑眼豆，是亚洲豇豆的近亲——至少植物学家是这么认为的。关于它的确切起源到底是在西非还是在埃塞俄比亚仍然存在分歧，但很少有人认为它起源于亚洲，这就是为什么*Vigna sinensis*（sinensis即中国）这个名字已经不存在了。无论如何，豇豆绝对是一种具有代表性的非洲豆类。来自乍得盆地的考古证据表明，公元前1800年左右迁徙到这片区域的牧民，在大约公元前1200年开始转向农业种植，同地球的其他地方一样开始驯化作物和永久定居，并以珍珠稷和豇豆为主食。因此，这种豆子在非洲农业中一直发挥着核心作用，与奴隶一起被带到美洲，在那里，它仍然是证明非洲裔美国人身份的不可磨灭的标志。这种豆子是令人骄傲的身份象征，代表了吃苦耐劳和坚韧不拔的精神，体现了苦难和绝望中的坚强。对黑眼睛和黑皮肤的人的认同，既是历史征服的结果，也是非裔美国人自豪和团结的源泉，对他们来说，这已经成为非裔美国人灵魂料理中不可或缺的成分。

在旧大陆，豇豆过去是向北和向东传播，最早使用豇豆的记录不是在非洲，而是在希腊和印度。没有人真正知道它其实来自非洲，其起源也被英语中的cowpea或西班牙语中的caupí抹去了。在较早的文本中，人们也会发现“calavance”（干豆或豆类食品）这个词，如今这个词似乎已经过时了。豇豆是希腊人口中的“phaseolus”（菜豆），而直到16世纪，菜豆在欧洲历史上一直被用于描述来自新大陆的物种，这也造成了分类上的混乱，最近几十年这一问题才得到解决。

古希腊人、罗马人以及印第安人都吃豇豆，不过他们也会把豇豆当作饲料。盖伦有一个有趣的解释，应该是生食饮食的早期例子，具体方法是豇豆发芽后同鱼露和其他一些卑微的豆子一起吃。一位在亚历山大行医的年轻人只靠这些简单调味、未经烹饪的水果和蔬菜过活，但“他的生活方式就是不生火”。这个例子似乎足以说明即使是最简单的食物也有营养。阿忒那奥斯讲述了斯巴达人是如何在某个节日里把无花果、蚕豆和豇豆当作甜点的，像这样的文献似乎表明，豇豆只是作为一种代表节俭的食物被归在其他较小的豆类之中。普通农民会种植豇豆，甚至在维吉尔关于农业的宏伟诗篇《农事诗》中，我们也得到了一些实用的种植建议。我的译文比较直接，大多数年纪较大的作者会将“phaselus”译为菜豆，但事实显然并非如此：

如果你真的想种下蚕豆和豇豆，
也不抗拒种植兵豆，
一个不那么明显的种植信号将通过靴筒传达给你：
在土地半结霜时开始播种。

还有一些中世纪的欧洲食谱中把豇豆称为白豆（fagioli），下文收录的是15世纪的威尼斯食谱，采用新鲜的去皮豇豆制作。豇豆与五花肉或肥肉的搭配很常见，而熏肉仅仅是固体脂肪。

鲜白豆馅饼

白豆和五花肉同煮后，在研钵中碾碎白豆并用刀切碎五花肉，接着添加最好的香料，也可以添加至少三分之一至一半的奶酪，再加入陈年的熏肉，这是最完美的馅饼配方。

不过，非洲是豇豆的真正产地，西非的豇豆产量仍然占全球供应量的90%左右。它们在非洲宗教中也占有突出地位。在约鲁巴人中，豇豆是用来供养保护社群的神奥里什的主要食材之一。这种宗教被带到了新大陆，在那里它以各种形式出现，如巴西的坎东布雷教和加勒比地区的萨泰里阿教。在那里，人们也给奥里什供养他们最喜欢的食物。例如，奥巴塔拉更喜欢山药、米粉糊、玉米粉饺子和豇豆。奥里什的母亲叶马雅也吃豇豆、西瓜和炸猪皮，而奥克斯更喜欢用虾和棕榈油制成的美味菜肴。每一种供品的具体细节在不同的敬拜形式中都有所不同，但豇豆是这些有辨别能力的神灵需要的最重要的供品之一。

豇豆对非洲文化至关重要，以至于约鲁巴族有句谚语“你不知道晚餐吃的豇豆是什么样子”，指的是非常愚蠢、粗心大意、对自己行为的后果全然不顾的人。

在非洲美食中，一些最美味的菜肴中都会出现豇豆的身影。在尼日利亚，moyin moyin（大意是“好吃好吃”）是一种用香蕉叶包裹的蒸豆饼。据说它有七条生命，因为它使用了七种不同的食材，包括熏鱼、鸡蛋、牛舌或咸牛肉，以及剩余的肉和一系列蔬菜。现在，它经常用锡罐蒸制而成。显然，就像网上流传的一句话所说，如果“你知道chin chin，puff puff和moyin moyin代表什么”，就意味着你是尼日利亚人。这些小吃分别是指炸面饼、炸丸子和蒸豆饼。在棕榈油或植物油中油炸豇豆糊，可以制成美味的油炸豆饼（akara）。下文列出了我的做法，采用了其最基本的精华形式。在这里我要感谢弗兰·奥塞托·阿萨雷提供了最基本的技术指导。对于这么简单的菜来说，它需要的工作量简直荒谬，而且我要给你打个预防针：这道菜只适合那些异常耐心的人，因为没有任何捷径可以走。但它的确值得一试。

油炸豆饼

把豇豆放在大碗里，用冷水浸泡大约15分钟即可。用手掌在水下用力搓洗豇豆，使豆子皮脱落。破损的豆子皮会浮起来，只要把碗放在自来水龙头下，就可以小心地把皮冲走。大约20分钟（或更长时间）后，你就能得到一个满是豆子皮的水槽和一碗去了皮的豇豆。如果你有足够的耐心，可以把去皮后的豇豆放在一个大研钵中，加少许清水，将其捣成顺滑的糊状物。另一种方法是把它们放在搅拌机里并加入适量的水，这样就可以制成厚重的豆糊。往豆糊中加一些盐，放在冰箱里过夜。第二天，用平底锅热油，盛几匙豆糊倒入锅中。豆糊变成褐色的时候翻面，用纸巾擦干水分，撒上盐，豆糊将变得蓬松可口。豆糊中还可以加入洋葱碎、辣椒碎或任何你喜欢的食物，但豇豆本身的味道就已经很好。在巴西，这种油炸豆饼被称为acarajé，人们会加入辣椒、酸橙、墨西哥胡椒、生姜、棕榈油等一起食用。

豇豆和非洲奴隶一起被带到美洲。我们经常会看到这样的画面——奴隶们把他们最喜欢的种子藏在口袋里，然后被迫横渡大西洋。即使有几种豆子以这样的方式运抵美洲，奴隶主也更有可能在奴隶们拒绝进食之后开始进口非洲作物。据朱迪思·卡尼说，大米就是这样进口到卡罗来纳的，起初只有非洲人知道该如何种植。另一种非洲植物秋葵也是如此。在大西洋航行期间，豇豆可能也被装在船上成为奴隶的口粮，多余的豇豆则用来出售和种植。

奴隶们的饮食只能算是微不足道，但由于他们经常为自己的白人主人做饭，许多食物和烹饪技术便被更广泛地引入南方烹饪中。粗玉米粉不过是美国人对面糊主食——非洲馥馥白糕（African fufu）的改良。煮熟的绿色蔬菜也有非洲根源，而炸鸡、猪肠和油炸玉米饼在内的所有传统南方食物都与非洲有关，而不是来自欧洲。

虽然这种后来被称为“灵魂料理”的烹饪方式以及豇豆都与非裔美国人有关，但在新大陆地区，豆类并没有像在旧大陆地区那样受到诋毁。一个种族分化如此严重的社会居然能自由共享同一种美食，看起来可能很奇怪。这种情况的发生，似乎正是因为不同之处被如此清晰、不可磨灭地描绘了出来。毕竟，白人无论贫富都不可能被误认为是奴隶。因此，不存在基于饮食习惯的社会诋毁的可能性，吃豆子绝对不会像在欧洲那样威胁到你的社会阶层。当然，这样的划分完全是由社会建构的，也有许多混合血统的人，但在有固定类别的前提下，无论吃什么都能确保稳定的身份。因此，豇豆既是灵魂料理的特色，也是整个南方美食的特色。托马斯·杰斐逊就在他珍爱的欧洲进口蔬菜品种旁边种上了豇豆，在1774年的花园日志上，他写道：“豇豆来到餐桌上。”玛丽·伦道夫1824年出版的《弗吉尼亚家庭主妇》中有一道用上文提到的油炸豆饼制作的馅饼，由新鲜的豇豆煮熟后捣碎而成。

在这个传统中，最受尊敬的菜肴是“跳跃约翰”（Hoppin’ John）。关于这道菜的起源有各种各样的无聊传说，但毫无疑问，我们找不到任何对这些无稽之谈以及其名字的记载。有一种观点认为，这个名字是邀请“跳上约翰”（hop in John）和我们一起共进晚餐。不过人们并不清楚贝蒂和哈罗德没有受到邀请的原因。也许是因为这些豇豆加热时会在锅里跳来跳去——但是没有一个头脑正常的人会这么煮豇豆。另一种观点认为，只要一提到这道菜，孩子们就会在桌子上跳来跳去。第三种说法是，1841年在南卡罗来纳州查尔斯顿的大街上，一名残疾黑人男子出售这一食物。最后，也许更可信的说法是，这个名字是对法国“木豆炖鸽子”（pois pigeon）的误用，尽管使用的食材完全不同。如果这一说法属实，那这道菜就是木豆饭的表亲。

这道菜到底是什么意思以及何时被第一次提出并不重要，重要的是人们对跳跃约翰的关注，因为它是跨年夜必须吃的食物，能给新年带来好运和财富。据说豇豆代表硬币，绿色代表美钞，在一些人看来，玉米面包是来年获得黄金的吉兆。在伪民俗用这样的说辞解释它之前，非洲可能就出现过类似的东西。任何一份跳跃约翰食谱都可能会引起强烈的抗议，下文列出的这一份也不例外，因为正确的菜肴总是和最好的烧烤、政党或宗教仪式一样备受争议。

跳跃约翰

将豇豆浸泡一夜，沥干水分，不过这一步也可以省去。在一口宽敞的锅里加入洗净的豇豆、淡水、切碎的洋葱、月桂叶、百里香和烟熏火腿。炖的时间越长越好，直到豆子变得美味可口。取出火腿，切成细丝后放回锅中。加入少许盐、胡椒粉和米饭，如有必要再加少许水，煮大约20分钟直到米饭煮透，最后加入大量浓辣酱、香菜或其他类似的调料。假如你是克里奥尔人，也可以用红豆来代替，并用路易斯·阿姆斯特朗*的口吻说“红豆和米饭都是你的”。

奇怪的是，尽管在我们现代人看来，这代表了一种厚颜无耻的种族主义，但不可否认的是，这里面也隐藏了一种明显的怀旧之情，特别是在20世纪初，人们对想象中幸福的南方旧日时光充满了无限怀念，在那里，嬷嬷会在厨房里施展她的魔法。这是唯一能解释密涅瓦小姐在1931年出版《厨师之书：通往男人内心的路》的原因。它是用模拟方言写的系列小说中的最后一部，上面有密涅瓦小姐自己的照片，看上去是一位十分典型的黑人女厨师。如今看来这本书非常难读，但也会给读者带来些许乐趣，几乎可以肯定的是，这本书的读者对象就是白人，而本书中出现的第一道菜恰好就是豆汤。

这本书真正让人困惑的是它的食谱，其中许多食谱几乎完全没有采用传统家庭最爱的自制食材。事实上，她的豆制品配方来自罐头。“我从来没有像这里的人一样，把他们认为没有什么好处的东西放在罐头外……我并不是说，买到的烘

* 路易斯·阿姆斯特朗（Louis Armstrong, 1901—1971），美国著名爵士乐音乐家。——译注

豆不需要再加一点调料，就能使它们变得美味可口……”为此，她还加入了番茄酱、伍斯特沙司和培根，这又一次表明，这是为那些只想重现传统美式非洲烹饪的读者准备的。

这些菜肴，尤其是豇豆，在美国南方几乎人人都吃；尽管如此，在20世纪黑人散居国外之后，它还是被重新认定为可以表现“黑人身份”的所谓“灵魂料理”。随着许多家庭搬到北方的工业化城市找工作，人们对豇豆产生了一种真切的怀旧之情，认为它适合家庭聚会、教堂社交和特殊场合。但这并不是说人们每天都要吃豇豆。对越来越多的人来说，特别是富裕的黑人，这并非他们一直想记住的食物。只有贫穷的城市家庭才会日复一日地依赖这种豆子。任何吃得起肉类和其他主流文化相关食物的人，以及能食用现代方便食品的人，都不会再选择经常吃豇豆。因此，这成为黑人社区内部的一个阶级问题。对于那些负担得起其他食物的人来说，新的灵魂料理再次证明了这种曾经被诋毁的菜肴是对社群有约束力的正宗食物，就像传统的非洲音乐和服饰一样。自20世纪下半叶起大量涌现的灵魂料理烹饪书证明，人们有意识地将这种烹饪当成是源于黑人的独特文化。灵魂料理也是一种能将人们与他们在南方的根源联系在一起的美食，因为这些书主要是为移居北方的非裔美国人写的，而且似乎主要受众就是中产阶级的非裔美国人。这一点在乔伊斯·怀特最近出版的一本《灵魂料理食谱》中也得到了充分体现。这本书里收录的食谱都来自教堂，才华横溢、通常年纪较大的厨师将这些烹饪传统继承下来，并与他们在南方长大的经历联系了起来。在每一个与食谱相关的故事中，作者都会着重解释厨师和他们家庭的“成功”经历，赞扬他们的经济成就、子女的学历和社区服务。他们保存和分享传统的黑人菜肴，即使是豇豆这样最低级的食物，也代表了真正的黑人文化。

有趣的是，这些菜一点也不健康。富裕的人得到了更多的金钱，但久坐不动的工作带来了肥胖、心脏病和糖尿病等健康问题。事实证明，奴隶喜欢的饮食并不适合现代生活方式。有趣的是，最近出版的许多灵魂料理烹饪书采取了完全不同的策略。他们非常注重健康。在西尔维娅·伍兹之子林赛·威廉姆斯（公认的烹饪专家，在哈莱姆开了一家餐馆）的《新灵魂料理》一书中，为了迎合注重健康的现代读者，作者有意识地精简了食谱。作者写道：“没有什么比豇豆更能抓住灵魂料理的‘灵魂’了。我认为这是非裔美国人的招牌菜。”也许如此吧！书中收录的一份健康沙拉里就使用了豇豆、辣椒和芹菜，并用一种淡醋汁搅拌调味。阿比西尼亚浸信会在哈莱姆教堂的牧师——卡尔文·巴茨三世牧师写的另一本烹饪书讲述了关于减肥变化的经典故事：看看我是如何通过改变饮食习惯，吃着正宗的灵魂料理，最终从XXX码的身材变成像现在这样苗条健康。当然，豆类的作用也很明显。

当烹饪过程去掉了猪油，豆类就能充分发挥促进健康的作用。显然，这一态度受到了不断变化的体形和追求美的影响，它与保护传统烹饪文化、共享饮食和精神的愿望相互作用，使其成为重新利用豆类的有趣案例。这不仅仅是对一个种族根源的简单恢复，也是对中产阶级价值观的有力体现，只要你对传统的食谱稍加修改就能实现。就像豇豆的案例一样，只要去掉火腿就行。

在当代文化中，豇豆仍然与美国南部人民和非裔美国人有着密切的联系。就在几年前，美国女子乐队南方小鸡录制了一首名为《再见伯爵》的搞笑歌曲，讲的是一个受虐待的家庭主妇决定用有毒的豇豆来杀死她的丈夫。有趣的是，有毒的食物几乎总是那些能令人感到安慰的食物，也是我们最信任和最不可能拒绝的食物，这当然使下毒变得更加卑鄙。在这样的背景下，从罐头中取出的豇豆（至少在音乐短片中是这样）或许能进一步保证受害者心中的纯洁。还有一个来自洛杉矶的嘻哈说唱组合“黑眼豆豆”（Black Eyed Peas），其组合名称正是取自豇豆这一植物。

几个世纪以来，发生在这种豆子身上最奇怪的事情之一，就是它被移植到了东亚。在那里，人们有意识地利用了它的巨人主义倾向。在亚洲市场上出售的所谓“一码长”豆子，正是生长在亚洲的豇豆。它们是同一物种，但被命名为长豇豆亚种（*Vigna unguiculata* ssp. *sesquipedalis*），在拉丁语中意思是一英尺半。也许它们应该叫半码豆。另一种与之相关的豇豆属植物野豇豆（*Vigna vexillata*）拥有膨大的块茎，在非洲被当作红薯食用，又被称为僵尸豌豆。披针叶豇豆（*Vigna lanceolata*）则是澳大利亚北部土著居民食用的另一种类似食物。

第九章　菜豆：墨西哥和世界

如果要选一种最具“豆性”的豆子来代表整个豆类，那一定是普通却又有着大量变种的菜豆（*Phaseolus vulgaris*）。在全球范围内，这种植物比其他任何植物都更具备取代传统本土物种的能力。此外，菜豆品种的形状和颜色之多，适应性之强，用途之广，让我们很难认为它们都来自同一个祖先。在许多方面，菜豆是最像我们人类自己的物种——分布在世界各地任何可以想象的气候中。白色的海军豆、斑驳的斑豆、红腰豆、黑豆、绿腰豆，以及可鲜食的四季豆等等都是同一个物种。它们各不相同，有些朴实无华，有些粗犷如充满野性的西部，有些则喧闹而浮夸。

要了解菜豆和这些不同的品种，我们必须从它们的起源地美洲开始。菜豆的野生祖先从墨西哥北部传播到阿根廷，美洲本土亚种和墨西哥亚种分别在秘鲁安第斯山脉和墨西哥被单独驯化。在数百万年的荒野生存和几千年的栽培过程中，它们的形态发生了显著的分化，如今把它们杂交后大多会产生不育的后代，这便是独立驯化的有力证据。通过人类互动和选择所经历的变化构成了所谓的“驯化综合征”，包括：发育出不会破碎和散播种子的豆荚；种子休眠，从而能够作为食物储存起来；拥有对不同光照条件的耐受性，因此能够在热带以外、日照天数相对较短的不同纬度地区生长；以及发育出强壮的茎秆，其豆子能够一次性全部成熟，可以同时收获，而非不规律成熟的藤蔓，这可能是因为选育了类似玉米秸秆的藤蔓。此外，豆子品种在大小和颜色上也有着惊人的变化。所有这些都是人为干预的结果。

我们很难确定这些驯化事件发生的确切时间，部分原因是在中美洲潮湿的环境中，能保存下来的考古遗迹十分稀少，不能与西南亚地区干燥的新月沃地相比。经放射性碳测定，秘鲁安第斯山脉的一个洞穴中发现的菜豆化石可追溯到公元前6000年左右，而它们可能在此之前就已经被驯化了，说不定与旧大陆的豆子处于同一时代甚至更早。如果现存的考古遗迹可信的话，那么就足以说明，它们的驯化又一次独立地发生在几千年后的墨西哥。有证据显示，碳14年代测定法相当不稳定，而且随着新的原子质谱分析法的出现，碳14年代测定法的准确性也受到了质疑。所以，最可靠的说法是，这些豆子在几千年前就被驯化了，但没有精确的时间顺序。

豆类是新大陆早期文明中的主要作物之一。在本章中，我们将重点关注生长在中美洲地区的物种，下一章则关注安第斯山脉地区的棉豆和其他菜豆属物种。这些文明以玉米为主食。玉米本身很有营养，但缺乏赖氨酸、异亮氨酸和色氨酸等人体必需的氨基酸。然而玉米与豆类结合后，会形成一个相当完整的蛋白质包，当玉米被氮化，或浸泡在碱液（木灰）、石灰（氢氧化钙，而不是水果）中，释放烟酸时，这种结合会更加明显。据推测，这仅仅是一种用来去除玉米种皮的方法，更容易将其磨成面团，使膨胀的谷物或玉米粒变得柔软。那些种植玉米的文明由此得到了更好的营养，繁衍的速度比以其他主食为生的文明更快一些。烹饪豆类也有一个明显的优势，因为菜豆中含有有毒的凝集素，这种植物血凝素会导致红细胞的细胞膜破裂。烹饪可以破坏凝集素，因此，那些食用熟菜豆的人要比直接生吃菜豆的人存活率更高。

在大型家养动物相对较少的情况下，中美洲文明开始依赖于以素食为主的饮食。虽然人们常常过分强调他们的餐桌上有火鸡、鸭子、豚鼠、家养的狗和各种野生动物，但大量的人口确实需要可以替代的蛋白质来源，突显了豆类的重要性。南瓜、豆类和玉米一起种植在同一块土地上：南瓜覆盖地面，保持土壤湿润和完整，还能抑制杂草生长；玉米为豆类提供攀爬的茎秆；豆类则为其他两种作物提供氮。除了西红柿、红辣椒、苋菜、螺旋藻（一种营养丰富的藻类）外，这种饮食几乎没有什么可取之处。但毫无疑问，如果没有豆类，这片土地将永远无法养活大量人口。

这些农作物和农业方法在早期文明中就已经存在，如奥尔麦克人、玛雅人和特奥蒂瓦坎人，以及最近生活在墨西哥中部的托尔特克人。在对玛雅美食的描述中，索菲·科引用巴托罗密欧·德拉斯·卡萨斯的话，描述了一种由玉米和磨碎的豆子混合而成的饼，看起来有点像羽扇豆。从大小和形状上看，使用的可能是菜豆，或者它的近亲棉豆。在其他的记载中提到了黑豆，在玛雅语中叫作“buul”，这绝对是指菜豆。科还进一步描述了用磨碎的烤南瓜籽和绿洋葱做的豆类菜肴，还有用辣椒和土荆芥调味或用绿叶蔬菜做的配菜。肉类的缺乏使豆类在玛雅人的生活中变得格外重要。有趣的是，居住在尤卡托克半岛的玛雅人后裔仍然吃一种由黑豆、洋葱和土荆芥制成的名为sabe boul的菜。

豆类在阿兹特克人的饮食中同样重要。这群人到达墨西哥的时间相对较晚，他们自称起源于北部一个叫阿兹特兰的地方。此话不假，因为他们的语言和文化都与阿帕奇人和肖肖尼人有关，而这两个民族如今仍然居住在美国西南部。到达墨西哥后，他们很快就采用了和邻居们一样的农作物，并学会了他们的耕作方法。到了14世纪，这个定居在墨西哥中部特斯科科湖畔的小型游牧部落迅速成长，最终填补了几个世纪前托尔特克邦崩溃后留下的权力真空。在不到一个世纪的时间里，他们在特诺奇蒂特兰城开始了对整个地区的统治。这座庞大的城市建在湖中央，由堤道与陆地相连，占地面积约5平方英里，人口约15万。阿兹特克的农业也高度发达，不仅拥有采用复杂灌溉系统的梯田式农业，还在覆有泥土的人工小岛上种植玉米和豆类等农作物。

阿兹特克人不仅种植自己的食物，还要求他们的属国上贡玉米和豆类。当人口压力迫使他们寻找更多的食物时，就像在15世纪50年代的严重饥荒中所做的那样，他们仅仅加强了耕作，或者通过征服新的民族来满足需求。他们并非如传闻中所说的那样会把吃人作为解决满足日益增长的食物需求的办法，他们只需要更多的玉米、苋菜、奇亚，当然还有蛋白质的重要来源——豆类。

除了考古证据，关于阿兹特克人使用豆类的书面记录主要来自西班牙语翻译。弗朗西斯科·赫南德兹就是这样一个例子。1570年，西班牙国王费利佩二世派他去记录阿兹特克人使用的所有药用植物。赫南德兹通常根据他在欧洲接受的医学培训来解释他所看到的情况，因此他的观察失之偏颇。尽管如此，这些记录还是广泛描述了本地植物的情况。在关于玉米糊的一节中，他提到了一种以玉米为原料的饮料，既可用于娱乐，也可用于医药，其中一个版本还使用了辣椒，可以在早晨服用以防感冒。他还提到了一种叫作“斑豆酱”（ayocomollatolli）的食物，以豆类为原料，而ayacotl就是阿兹特克语中的豆子。“这道菜使用了辣椒酱、土荆芥和半熟的面团，在快熟的时候加入全熟的豆子。它美味可口，其中的土荆芥使它拥有净化血液和原始体液的作用。”他还在记录中描述了如何将豆子添加到半透明的薄玉米面饼中。

阿兹特克食物主要以玉米和豆类为基础，和今天的墨西哥菜一样，这里天生就缺乏所有来自旧大陆的进口食品，尤其是小麦、猪肉和牛肉。尽管如此，它也可能异常复杂，毫不亚于欧洲法院同时审理的案件。事实上，阿兹特克人的社会阶级是建立在征服的基础上的，与大西洋彼岸的社会没有任何不同。这可能就是为什么西班牙观察员能够如此容易地理解他们的用餐仪式，或者至少他们相信自己理解了。例如，贝尔纳尔·迪亚兹描述了蒙特祖玛举办的一场宴会，包括精心准备的洗手仪式、数百道野禽和野味，配以玉米面饼，以及水果、巧克力和烟草。只要换一些关键的食材，他就可以描述一场意大利宴会了。可惜他没有提到这个皇家宴会中的豆子，但在另一个描述中确实出现了它们的身影。那是一个商人家庭的洗礼庆典，在这场宴会上，豆子和烤玉米被一同混合在酱汁中。由于缺乏烹饪书籍，人们只能猜测那道菜会是什么样子。考虑到可用的材料和烹饪技术，大致列举如下：

斑豆酱

首先在明火上稍稍烘烤干辣椒，随后放在碗里浸泡15分钟，变软后加水捣成糊状。然后往陶罐里放一些预先浸泡过的斑豆、碾碎的玉米（事先用酸橙处理过，扁的或膨大的都行，也可以使用干玉米粒或罐装玉米粒）、火鸡腿、切碎的青葱、剥了皮的西红柿、巧克力和辣椒酱，再加上一些盐和一点土荆芥（具有减少豆子造成的气体效应的能力）。加水没过食材，文火慢炖几个小时，出锅后盛在深碗中。

豆子在阿兹特克人的宗教中也发挥了作用。用由玉米制成的雕像献祭给神灵威齐洛波契特里是众所周知的故事，但是，博纳迪诺·达·萨哈贡兄弟在对阿兹特克节的生动描述中提到了许多其他涉及豆类的东西。其中一个叫沃赫奎尔–塔马尔格里的火神雕像前放着由玉米面团做成的圣饼，里面包裹着整颗豆子，也许是一种大的玉米面团包馅卷。这些黄色的面团后来被奉献者吃掉，配以轻微醉人的饮料龙舌兰酒。萨哈贡还完整描述了阿兹特克市场和街头小贩提供的许多豆类菜肴。

在今天的美国和加拿大，菜豆对美洲印第安人同样重要。菜豆在大约1 500年前到达美国西南部，甚至可能是在那里被独立驯化的。考古学家推测，菜豆是那里的主要食物来源。据说，菜豆在大约1 000年前沿着东海岸来到这里，并一直向北延伸到圣劳伦斯河；雅克·卡地亚在16世纪30年代报告了它们在那里的存在。在易洛魁人中，他们所谓的“生命三姐妹”——玉米、菜豆和南瓜——是饮食的核心，拥有在中美洲一样的地位。密西西比人在大陆中部定居，那里也有菜豆生长。750年至1350年间，密西西比人繁荣昌盛，他们的城市卡霍基亚可能是墨西哥北部最大的定居点。有趣的是，菜豆并没有沿着西海岸进入加利福尼亚，因为那里从来不需要面对来自农业生产的压力。

欧洲对美国西南部最早的记载也强调了菜豆在那里的重要性。西班牙探险家阿尔瓦·努涅斯·卡韦萨·德巴卡提到，16世纪二三十年代，在他穿越得克萨斯州的旅途中遇到的所有人都种植玉米、菜豆和南瓜。探险家弗朗西斯科·瓦斯奎兹·德科罗纳多1541年在现在的新墨西哥州寻找“锡沃拉的七座黄金城”的过程中指出，“他们种植少量玉米，也会种菜豆和葫芦；他们还以家兔、野兔和鹿为食”。在他探访的每一座城市，都有冠冕堂皇的说法，认为他们只需要葫芦、菜豆和玉米就能维持生计，尽管对最后一种的需求被适量缩减了。

几乎所有前往北美东海岸的探险家在提到农业或食品时，都会将玉米和菜豆列为最重要的主食。16世纪20年代，在对美洲印第安人海岸文化最早的详细描述中，受法国雇用的佛罗伦萨探险家乔瓦尼·达·韦拉扎诺多次提到：“总的来说，他们以豆类为生，这些豆子种类丰富，颜色和大小都与我们的豆子不同，但它们也十分美味……”他所遇到的另一个部落在曼哈顿，和罗马同处于北纬40°，在他看来，这里的人比其他人擅长更系统地种植豆子，“播种时，他们会观察月亮的影响，关注昴宿星的升起以及许多来自古人的习俗”。

几十年后，牛津大学数学家托马斯·哈里奥特发现了一份更完整的描述。哈里奥特参与了英国人在新大陆定居的首次尝试，但以失败告终。在《一份关于弗吉尼亚州新奠基土地简短而真实的报告》中，他使用阿尔冈昆语描述了种植的作物，还记录了它们的名字，以及豆子的烹饪方法。

> 我们称菜豆为Okindgier，它们和英国的豆子差不多，只不过外形更平、颜色更多样，而且有些带有花斑。茎上的叶子也不一样。然而，它们的味道和我们的英国豌豆一样好。为了把豌豆和豆子区分开来，我们给它们取名Wickonzowr，因为它们比豆子小得多。虽然它们的味道不同，而且比我们英国的豌豆要好得多，但它们和菜豆几乎没有什么区别。菜豆和豌豆都只要十周就能成熟。当地人会把切成小块或整颗整颗的豆子放在肉汤里煮，直到它们变软破碎，就像我们在英国做的那样。豌豆既可以单独煮，也可以和玉米混合。有时整块煮熟后，放在研钵里捣碎，可以做成饼或面团。

关于弗吉尼亚州本土农业稍晚一点的记载可以在1612年英国探险家威廉·斯特雷奇的《大不列颠维吉尼亚的旅行史》中找到。他描述了树木是如何通过剥去一圈树皮和烧焦树根而被连根拔起的。在剩下的洞里，人们种植三五粒玉米和两三粒豆子。关于当地的豆科植物，他解释说:“他们有豌豆，当地人称之为assentemmens，和意大利的白豆（fagioli）一样。他们的豆子像菜豆一样小，是土耳其人口中的garvances。”英国人可能已经熟悉了来自墨西哥的菜豆，所以能认出这些相似的豆子也就不足为奇了。

对于美洲北部地区的农业状况，我们能找到关于阿贝纳基农业的记述，作者是法国探险家塞缪尔·尚普兰。这本《尚普兰先生的旅行》写于1605年，1613年出版。他沿着缅因州的萨科河前行，记录下了印第安人种植玉米的画面。

> 人们在菜园里种植玉米，每个地方播种三四粒谷粒，再用上面提到的壳在周围堆一些泥土。然后他们在3英尺外的地方播种同样多的种子，以此类推。他们还会在这些玉米中的每一个小土堆上种植巴西豆，豆子的颜色各不相同。等这些植物全都生长起来，豆蔓就会缠绕在玉米上，玉米可以长至5到6英尺高，而豆子则能保持地面没有杂草。

他也提到了“生命三姐妹”中的老三——南瓜。尚普兰后来创建了魁北克市，他还讨论了休伦族人的园艺和烹饪方法，以及从事这些工作的妇女。“休伦族人的主要食物和日常生计是印第安玉米及红豆，有几种不同的准备方法。他们用木臼把它们捣成粉……他们用这种粉做饼，先把豆子煮熟，就像做印第安玉米汤一样。”这似乎是上述豆饼的另一种版本。

在描述美洲印第安人的饮食时，这些探险家无意中记录了一种即将面临疾病和破坏的生活方式，因为不仅有来自英国的殖民者，也有从法国、荷兰和西班牙拥入的大量人口。殖民者还引入了旧大陆的豆类品种，为了理解这种交流对两个世界的影响以及菜豆在其中的重要性，我们必须从1492年开始。

哥伦布的发现

在我们人类的历史上，1492年是非常重要的一年，对菜豆来说也是如此。这一年，新大陆和旧大陆之间的植物、动物及病原体开始了大规模交流。在11月4日的日记中，克里斯托弗·哥伦布在疯狂地寻找香料（这是本次航行的预定目标），顺便提到："这些人非常温和胆小；他们光着身子走来走去，正如我所说，没有武器，没有法律。这个国家的土地非常肥沃。人们有很多叫'山药'的根，吃起来带有栗子味；他们的豆子和我们的很不一样。"这里的山药应该说的是红薯，因为真正的山药产于非洲。至于豆子，哥伦布用的词是faxones和fabas，就是我们所说的菜豆（对他来说是豇豆的意思）和蚕豆——都是他知道的豆子。从那时起，"菜豆"这个名字就像"印第安人"一样流传了下来。正如劳伦斯·卡普兰一针见血地指出的那样："如果哥伦布认识到这些新大陆的豆科植物与欧洲的不同，那么接下来三个世纪的草药学家和植物学家就可以避免一些混淆。”

面对豆类，显然许多到新大陆的探险者会把它们带回家，就像他们把鹰嘴豆、蚕豆和其他旧大陆的物种带到美洲一样。在欧洲，基本上找不到人们最初对菜豆态度的记录，这表明人们相当容易就接受了它。这很奇怪，因为大多数新物种最初都会经历一个被重新认识的过程。几个世纪以来，西红柿在欧洲美食中找不到一席之地，辣椒和玉米也只是在意大利北部等少数地区被磨碎做成玉米糊。同样，土豆也花了很长时间才找到适合的烹饪市场。对欧洲人来说，这些都是他们不熟悉的奇怪植物，有些在欧洲还有有毒的近缘种（茄属）分布。那么，为什么菜豆的生长没有受到太多的干扰呢？因为欧洲人不认为它是外来物种。他们认为这种豆子只是他们习惯种植和食用的豆子的新品种，所以用同样的名字（phaseolus）来称呼它。也就是说，菜豆已经在欧洲烹饪中占有一席之地，随着时间的推移，它悄悄地在旧大陆的物种中逐渐找到了自己的位置，但要很多年后，人们才会认识到它其实是豆类的一个新物种。

只有草药学家真正注意到来自新大陆的豆类在植物学上的区别，他们碰巧处于植物学革命中，部分原因在于他们忙着解释古代权威从未听说过的大批新物种。他们被迫重新思考分类系统，同时，印刷和图片也要比以往更快、更广泛地传播了他们的发现。也就是说，只要他们仔细地描述和绘制了这种新豆子，整个欧洲的人都能读到关于它的介绍。他们并不知道这种豆子来自哪里，甚至现代分类学之父林奈也认为它来自印度，但至少我们可以确定它的外部形态。菜豆可能是在16世纪早期传入欧洲的，但直到几十年后，人们才会在印刷品中讨论它。

对菜豆最早的植物学描述和艺术描绘据说是在莱昂哈特·福克斯出版于1542年的开创性草药研究中发现的。福克斯在他的作品中没有提到美洲，也没有把豆子叫作菜豆，而是把它叫作园菝葜（*Smilax hortensis*）。菜豆只是一个同义词，就像希腊语的Dolichos、德语的faselen和welsch一样。welsch在这里的意思是外国人，而不是威尔士人。这个命名法当然什么也没有说清楚，因为今天的菝葜属植物甚至都不属于豆科。福克斯引用了古人的说法，菜豆即为现在的豇豆，扁豆则是今天的紫花扁豆。就像16世纪的大环境趋势一样，除非能得到古典权威的支持，否则任何意见都不会被认为是合理的。但很明显，他们当中没人知道这种豆子。这些描述可能让我们更接近事实：叶子像常青藤，果实像胡卢巴——也就是长豆荚，“里面的种子像肾脏，不全是一种颜色，而只有部分是红色”。对他来说，这听起来像希腊人说的Dolichos；对我们来说，这听起来很像芸豆。他还补充说，这种豆子也有白色的，还有白色、红色或紫色的花。很明显，他是在仔细检查了标本之后才获得这段描述，还说这种豆子生长在菜园里。福克斯接着引用了盖伦、拜占庭的爱斯提乌斯和阿拉伯的塞蒙·塞西的文字，毫无意外，他们的描述让我们无法识别出菜豆，因为这些人的记录写于1492年之前。只有异常清晰和准确的说明才能让我们鉴定出物种。

10年后，另一个德国人，希罗尼莫斯·博克最早描述了架菜豆，即那些蔓生而非丛生的品种。据《草药经典史》一书的作者阿格尼丝·阿尔伯说，博克是第一批摆脱对古代权威的依赖并亲自观察的植物学家之一。

至此，植物学家们清楚地意识到，他们发现了豆类的新物种。在1566年于安特卫普印刷的《在水果、豆类、沼泽植物……》一书中，本书作者、佛兰德斯*植物学家伦伯特·多登斯提出了一个尖锐的论点，他认为必须将菜豆与蚕豆区分开来，尽管人们通常在方言中混用这些术语。他口中称为Boona的种子不像蚕豆那样圆，而是更长更大。虽然他不知道这种豆子从何而来，但他坚持认为，“在古人中，例如在盖伦或他那个时代的其他作家中，这些东西哪儿都找不到……”，“因此，这种豆子不是蚕豆，而是另一个物种”，有别于古代的豆子。至少这时，他很确定一个新物种已经来到了欧洲。

到了16世纪末，菜豆也被认为是一种产自美洲的豆子。卡斯特·杜兰特在1586年出版的《健康宝库》中指出，现在

---

* 今比利时东佛兰德省和西佛兰德省、法国的诺尔省以及荷兰的西兰省南部。——译注

的白豆“是在印度群岛发现的”。红色的豆子特别热（在体液方面），因此有助于产生精子和促使“兴奋性交”。尽管有这些好处，杜兰特仍然认为，没有一种豆子算得上美味，“因此，不是所有的国家，也不是所有的人都吃豆子，王子们也根本不食用豆子……”。类似地，英国人约翰·杰勒德在关于菜豆的报道中也写道：

> 将尚未成熟的菜豆果实和鳕鱼一起煮熟，涂上黄油后食用。菜豆的口感非常细腻，不像其他豆类那样会使人产生气体。它也会使腹部松弛，促进尿液分泌，并引起浮肿；但是，如果你等到菜豆成熟了再吃，那它既不好吃，也无益于健康。

诸如此类的评论或许可以解释为什么这种豆子没有出现在精英烹饪书中。

尽管草药学家承认了新豆子的存在，但16世纪的其他烹饪文献却很少提到这一物种。人们怀疑西班牙和葡萄牙会是最有可能出现相关文献的地方，因为公众常常听说哥伦布在第二次航行中带回了豆子，但不知道这其中发生了什么。几乎没有迹象表明，除了植物学家之外，还有什么人认为菜豆是一个豆类新物种，即使他们正在吃菜豆。例如，加布里埃尔·阿隆索·德埃雷拉的《农业图书》于1513年首次出版，在随后的许多修订版中都有关于鹰嘴豆、蚕豆和兵豆的冗长条目，但没有提到任何一个豆类新物种。路易斯·洛贝拉·德阿维拉1530年所著的《卡瓦列罗斯的贵族》一书中，有一整章都是关于在海上航行时应该吃什么食物，其中却没有提到任何一种在新大陆生长的植物。在16世纪稍晚些时候，弗朗西斯科·努涅兹·德奥里亚在他的著作《保健食品》中有一段介绍了这些新食物，于1569年首次出现，其中描述了红薯、木薯和玉米，但是不包括豆子。同样，在西班牙似乎没有人认为菜豆是一种不同的植物，不值得专门提及。所有这些作者都对他们从阿拉伯世界继承的农业遗产，以及他们能从最近征服的格拉纳达王国学到什么更感兴趣。

新大陆豆类的提法在意大利更为普遍，正如我们所知，意大利人最终对白豆非常着迷，托斯卡纳人仍然自豪地称自己为食豆者。菜豆这一物种的到来肯定没有被记录下来，或者至少没有文字记载。然而，在富有的西亚银行家阿戈斯蒂诺·齐吉的豪华住宅里，却出现了一些令人惊叹的新大陆物种的图片装饰。1515年左右，在乔凡尼·达·乌迪内为配合大师拉斐尔所绘制的法尔内西纳别墅“塞姬凉廊”壁画中，第一次出现了对玉米、南瓜和几乎肯定是菜豆的描绘，因为它明显比上面画的肥蚕豆的豆荚更长、更纤细。人们甚至可以想象，这些菜豆就生长在乔凡尼附近的花园里，成为他的模特。

在接下来的15年里，我们总算能在意大利找到关于菜豆的书面证据，里面还有一则故事。这种叫作“拉蒙豆”（lamon）的特殊品种是一种大的斑驳红豆，生长在今天多洛米蒂山地区贝鲁诺附近一座同名小村庄里。当地人声称，它是1532年由当地的人文主义和象形文字专家皮耶罗·瓦莱里亚诺从罗马教皇克莱芒七世那里得到的，后者又是从国王查理五世（也是西班牙国王）处获得的，这显然是从征服者赫恩·科尔特斯那里得到的礼物，而赫恩自然会从阿兹特克人的手中得到它。这些传闻是真是假并不重要，有趣之处就在于如此纯粹的奉献精神竟然只换来普普通通的豆子。瓦莱里亚诺甚至在1534年写了一首歌颂豆子的诗，使这种食物声名鹊起。以下是瓦莱里亚诺吟诵赞美诗的不朽诗句：

> 克莱芒神父亲自从很远的地方带给我一件礼物，
> 他说：“你要用一种新的水果让家乡的山岭丰美，
> 你将给贝鲁诺的田野带来欢乐。”
> 因此，当我回到家乡，我播下了这些种子
> 不是在田野里，也不是把它们托付给菜园，
> 而是要用瓦器装饰我的居所，用茶碟装饰我的窗户。
> 当然，希望它们能带来一些很小的收成；而且，看哪！
> 先是一片巨大的树叶森林，
> 处处开满了数不清的紫罗兰花，
> 上面长满了饱满的豆荚。

托斯卡纳人因北方的拉蒙豆而闻名，他们以吃豆子为荣，可以说是他们完善了豆子烹饪的艺术。但是这种艺术并没有在写烹饪书的大宫廷里发展起来，反而是在普通的农民厨房里。我们可以通过与后续实践的仔细对比，了解这些厨房中可能发生的事情。例如，将豆子捣碎成泥涂在烤面包片上，淋上特级初榨橄榄油。可以在白豆蔬菜面包汤里加入黑甘蓝和面包一起烹制，也会加入橄榄油，然后再煮一次，或者直接把面包放在烤箱里烘烤，这样就能形成脆皮。但最著名的烹饪方法是“惨败的白豆”，具体做法是将豆子连同盐、橄榄油、蒜瓣和胡椒粒一起小心地放在一个烧瓶里，装满水后放在热灰中几个小时，直到所有的水都被吸收。但要记住，做这道菜时不能塞住烧瓶的顶部，否则，当它爆炸时，你就真的惨败了（这就是它叫这个名字的原因）。事实上，烧瓶会用一块布绑起来。最后倒出加热后的豆子，再淋上一点油。今天，人们更常用赤陶器来烤豆子，老饕们坚信，这样做出的豆子味道要比用金属锅做出来的更好。我们无法确定这些方法中的任何一种在多大程度上可以追溯到过去，它们可能只是怀旧的消遣，但它们确实表明，在近代早期，穷人正在发展出一种完全独特的豆类菜肴，在某种程度上用来自新大陆的豆子取代了较古老的物种。

和蚕豆的情况一样，过去的精英烹饪书中也不愿提供更多的白豆食谱，因为这种豆子通常与贫穷和乡村生活联系在一起。例如，佛罗伦萨人路易吉·阿拉曼尼在其辞藻华丽的《维吉连农业颂歌》（收录于1546年出版的《耕种之书》）中，仅仅是把豆子与乡村的朴素简单联系起来。他指的到底是新大陆还是旧大陆的菜豆并不重要。

> 现在乡野的需要（当时机成熟时）
> 从家庭聚集的封闭住所
> 收获简单的豆类和其他谷物，
> 它们在快乐的八月被选为种子；
> 他叫谷神星，
> 为了他的劳动管理田地——一份伟大的礼物；
> 我们把播下的种子奉献给大地
> 无论苍白的蚕豆、骄傲的鹰嘴豆、
> 打蜡的豌豆、卑微的豆子……

当菜谱上确实出现菜豆时，通常采用的是新鲜的四季豆，干豆则被留给了农民。例如，被称为帕托的多梅尼科·罗莫利列出了可能作为大斋节期间菜肴的油炸豆荚，以及做成汤的“绿色干豆子”。我们无法确定这些菜是否采用的是来自新大陆的豆子，但这也确实存在可能，因为他的《单一学说》首次出版于1560年。无论如何，他在第10卷中给了我们一个更全面的描述，这部分主要是关于豆子的。他在那部分文字中提供了关于豆子寒冷干燥的性质和导致噩梦等常见警告，但也提出了一些烹饪方面的建议。“芥末能极大地改善它们的有害性质，同样，也可以用醋、盐、胡椒粉、牛至调和，而且必须配上烈酒。”另一方面，“它们对乡下人和勤奋工作的人有益，但对需要休养和身体虚弱的人都不好”。

1611年，巴尔达萨里·皮萨内利在他的著作《食物和饮料的本质》中解释说，白豆“比蚕豆差得多，但其中红色的品种最好，因为它们性质更热，让人产气更少”。用芥末或醋、盐、胡椒粉和牛至来烹饪可以改善这些问题。但是“白豆不能保存很长时间，因为它们不能完全干燥”。“白色的品种相当潮湿，不易消化。这就是为什么尽管白豆营养丰富，但无论如何都只是乡村百姓的一餐，不适合娇弱的孩子或学生。”很明显，豆类的所有污名很容易就会被转移到新物种身上，但如果用新鲜的四季豆就不会那么明显。皮萨内利说，四季豆可以用盐、油、孜然和胡椒调味。这似乎是它在17世纪出现在富人餐桌上的唯一方式。

萨尔瓦托·马索尼奥在其1627年出版的著作《意大利沙拉》中，清晰地描述了贫富之间各种不同形式和用途的沙拉。他说，白豆已经在沙拉中使用多年，味道非常好。他还描述了具体的做法：“水煮后用油、盐、醋和胡椒调味；或者加些油、鱼露和胡椒粉；还可以加橙汁、油和胡椒。”令人惊讶的是他提到了古罗马调味料鱼露，因为到这个时期，鱼露几乎已经完全不复存在了。马索尼奥还警告说，要小心把四季豆上的细线去掉，因为它很难消化，并且要好好咀嚼以免窒息。这种对窒息的焦虑，再加上可能引发的肠胃胀气，导致四季豆没能在那个时代最优雅的蔬菜——洋蓟和芦笋中占据一席之地。来自新大陆的干豆子则根本没有出现。

18世纪早期，一位住在阿雷佐的耶稣会牧师弗朗切斯科·高登齐奥写了一份名为《托斯卡纳蒜味橄榄油面包》的烹饪手稿。其中收录了一份可以作为开胃菜的白豆食谱，可能比早期宫廷烹饪书更好地反映了常见的饮食习惯。它提供了一些表明这种烹饪方法可以追溯到几百年前的证据，不管使用的白豆是来自旧大陆还是新大陆。

> 将白豆放入冷水中煮熟后沥干水分，香料和洋葱一起切碎，与白豆、胡椒粉、盐和足够的油一同放入平底锅中；煎一段时间后加少许醋。你还可以用类似的方法，加入一点大蒜做新鲜的白豆。如果必须保留汤汁，可以在炒熟后按比例倒入沸水，这种情况下就不要加醋。你也可以把它们放在冷水里，拿到温暖的地方过夜；第二天早上把水倒掉再加热水熬煮，将各种东西煎好后采用上述方法调味，随后就可以上桌。

在18世纪后期，文森佐·科拉多在他1786年的《英勇的厨师》一书中给出了一份以干白豆为基础的佛罗伦萨汤食谱。他的书虽然是为那不勒斯的宫廷写的，但更接近于现代意大利烹饪的理念，因为它使用了来自新大陆的食材，如西红柿和辣椒。除了几种新鲜的四季豆和白豆（可能是很小的豇豆）食谱外，还有一道现在依旧经典的汤：

> 用干白豆做汤，加入切碎的香草调味后在油里炖煮，加入甜菜叶、玻璃苣、欧芹和切碎的洋葱。在盐水中煮熟后，用油、凤尾鱼、柠檬汁和胡椒粉调味。

在科拉多早期的著作《美味佳肴》中，他给出了一些其他不同的做法，比如来自维琴察的维琴察风味，具体做法是先煎洋葱、大蒜、辣椒、西红柿、欧芹、凤尾鱼、牛至和月桂叶，然后加入鱼汤。当它变得浓稠时，再加入预先煮熟的豆子。也可以换一种风味，用黄油和香草来煎并挤入柠檬汁，加入他自己创造的由酸梨、咸鱼子调味酱、凤尾鱼、大蒜、牛至、罗勒、油、醋和鱼汤过筛后制成的酱汁（这些原料全部由科拉多自己准备），给预先煮熟的豆子调味。这些菜谱并不一定意味着豆子在上流社会中更容易被接受，因为这本书的主题是“素食即健康”，该主题早在几十年前就开始流行了，灵感来自安东尼奥·科奇1743年出版的医学书籍《毕达哥拉斯饮食》。

在意大利的豆类菜肴中，有一种像小鸟一样的豆子。19世纪意大利著名烹饪书籍《厨房科学与饮食艺术》的作者佩莱格里诺·阿图西说，他曾在佛罗伦萨的小餐馆里看到过这种豆子。豆子在水里煮熟后过滤，装入盛有油、鼠尾草叶、盐和胡椒的平底锅里，最后再放一些番茄酱。只有在像阿图西这样的作品中，我们才开始了解到当时普通人世世代代的烹饪习惯。这并不意味着阿图西自己也是普通人；他是坚定的资产阶级，为出身类似的读者写作，但记录当地的传统对他来说是一种带有怀旧情感和民族主义的行为。尽管如此，他还是与普通民众保持着一定距离，甚至不愿直接提及政治社会。以下是他对白豆汤的评论：

> 有人说，我们有理由认为白豆是穷人的肉。事实上，当工人翻找他的口袋时，会忧郁地发现他的钱根本无法让他买到一块足够全家人吃一顿的肉。他发现白豆是一种健康的食物，营养丰富而且花费少。此外，白豆能在身体里保留很长时间，稍微缓解一下饥饿的痛苦。但是……这是一个很大的问题，就像这个世界上的很多事情一样——我想你能明白。为了得到部分保护，可以选择表皮细嫩的白豆，或是在加工白豆时过筛；细心的人比其他人更少犯这种错误。

尽管有这种担心，阿图西后来还是提供了托斯卡纳地区农民汤的做法，是一种用不新鲜的面包、白豆、油、卷心菜、土豆和一点意大利熏火腿制成的“不太贵”的汤——本质上是白豆蔬菜面包汤。至少在这一点上，他提供了一种以前从末出现在精英烹饪书中的菜肴记录。

从历史上看，托斯卡纳人对豆子的狂热部分原因是为了解决农村贫困问题，但也是与生俱来的节俭和简朴作风造成的重要结果。在文艺复兴文化蓬勃发展、充满物质财富传奇的地方，这似乎很奇怪。事实上，当地经济文化的繁荣在很大程度上仅仅是中世纪晚期到16世纪出现的现象。到了17世纪，随着北欧人，尤其是荷兰人和英国人以武力在金融上取得欧洲大陆及其殖民地的主导地位后，意大利经济便开始萎缩。欧洲北部的农业革命也提供了一个稳定的基础，以支持更多的人口，并最终支持工业和资本主义。相比之下，到了19世纪，意大利的乡村已经相对贫困。

在意大利，尽管存在着一些处于社会顶端的富人和小资产阶级，但总的来说，大多数人，特别是农村人，生活也仅仅是自给自足。卡罗尔·赫尔斯托斯基在她的著作《大蒜与油》中指出，节俭的地中海饮食并不是一种自古以来就有的饮食方式，而是糟糕的农业政策和恶劣环境共同作用的结果。她追溯了从1861年的统一到20世纪五六十年代经济繁荣期间农村政策的灾难性后果，发现这种简单陈腐的饮食由政策引起，包括臭名昭著的墨索里尼提出的自给自足计划，它阻止了食物的进口，使意大利人主要依靠意大利面、蔬菜和菜豆生存。下文中我们将讲述这种生活方式在20世纪后期的浪漫化，而低贱的豆子也变得高贵起来了。但现在，让我们看看菜豆在欧洲其他地方是如何发展的。

法 国

与意大利相比，法国对新大陆豆类的接受没有那么直截了当。有一个历史悠久的传说，1533年，凯瑟琳·德·美第奇与法国王太子（未来的亨利二世）订婚时，带来了她的托斯卡纳厨师，他们向法国人传授精细烹饪和做意大利蔬菜的方法。然而，除了她的随行人员中有几个意大利名字外，几乎没有证据能证明这个传说，也没有证据表明，她在嫁妆中带了菜豆等豆类以享用来自祖国的熟悉风味。就算凯瑟琳真的带了菜豆，也无法证明在她到达法国后的很长一段时间内，有人种植或食用菜豆。法国人称菜豆为haricot以区别于蚕豆。haricot这个词第一次出现在17世纪的法语中，据说是对纳瓦塔语单词ayacól的讹误。奇怪的是，haricot在中世纪最初的意思是炖碎羊肉，来源于harigoter，反过来又是一个有日耳曼词根的词。一种豆子似乎不太可能不小心取了这样一道菜的名字，而在17世纪晚期，haricot一词仍然以“炖肉”的原始意义使用。菜豆同样不太可能成为这道菜的原料后又采用了它的名字。也许法国人只是随意地使用了一个听起来很熟悉的词，因为阿兹特克语中的说法已经被破坏了。

在16世纪或17世纪的法国烹饪书中根本没有关于菜豆的食谱，在奥利维尔·德塞雷斯的伟大农业著作《农业剧院》

中也没有。在路易十四的宫廷中，曾突然出现过新鲜的豌豆和少量的新鲜绿色蚕豆，但没有提到菜豆，当然更没有提到干豆子，对豆类的污名似乎也附加在了这里的菜豆上。

尽管如此，人们最终还是开始在法国种植菜豆，与西红柿和土豆的种植方式一样，菜豆最初也可能只是被视为花园里的观赏植物，但它也被当作新鲜四季豆来吃。17世纪晚期，法国园艺权威尼古拉斯·德邦内丰斯就如何种植菜豆给出了明确的指导。他建议，这些种子应该分四行种在苗床上。当它们结出果实时，有些可以趁新鲜吃掉，另一些则留在植物上，等待种子成熟。需要注意的是，这些豆子会自我播种，它们知道自己会在第二年恢复原样。而且，“彩色的豆子和白色的豆子通常都是播种在开阔的土地上，只要新翻一遍土地后再耙一遍即可，没有什么其他需要注意的，然后你就可以拿出在田野里播撒的种子……”。此外，“只有巴黎人更喜欢白色的豆子，在其他所有地方，红色的豆子都要更受青睐，因为它的味道要远比白色的更好”。

尼古拉斯的文字会让绅士们对亲自种植豆子感兴趣，反映了现代欧洲早期享受乡村乐趣的时尚，这种对乡村美学的模仿与市场上的实际耕作几乎没有关系，相反，对于那些有土地和空闲时间来种植蔬菜水果的人来说，这就是一种休闲活动。这些绅士农民不仅热衷于阅读园艺指南，而且互相交换种子，当然还在自己的庄园里供应他们的农产品。这种消遗对英国及其殖民地尤其具有强烈的吸引力，我们最熟悉的例子就是托马斯·杰斐逊，他种植了许多从欧洲进口的品种。

法国人对种植豆子的热情不仅仅是这几个世纪席卷欧洲的园艺热潮的表现，在一定程度上，它也是一种对植物学真正的好奇心，从某种意义上说，那些戴着上浆褶皱假发的人对实际耕作越来越陌生，耕种表达了他们希望以一种有意义的方式与土地相连。这也解释了为什么这些豆类在进入烹饪书籍之前就已经出现在园艺书籍中，显然，它们能开出美丽花朵的事实也与此有很大关系。

17世纪末，菜豆以新鲜四季豆的形式走进了烹饪书中。非常明显的是，这本书的内容有意识地吸引了中产阶级读者。弗朗索瓦·马西洛于1691年出版了《皇家厨师》一书，并于1712年出版了修订版《烹饪——从王室到贵族》。在这些烹饪书籍中，菜豆是几种可能使用的沙拉配料之一。在18世纪的两种经典处理方法中，也有对保存新鲜四季豆的描述——一种是腌制，另一种是干燥。通常情况下，新鲜四季豆是昂贵的菜园蔬菜，只有在短暂的春天里才能买到，但这些新的保存方法使得四季豆在全年都可以食用，从而在更广泛的社会群体中传播开来。

新鲜菜豆的保存方法

人们有两种保存方法：一种是在由醋、水和盐组成的卤水中保存，就像腌黄瓜一样；另一种是清洗和焯过水后脱水干燥。只要在温水中浸泡两天，它们就会恢复绿色，像刚被采摘时一样新鲜。而对于那些在卤水中保存的菜豆，可以往里面加上丁香和一点胡椒粉，然后密封好以防变质，并在上面加一些融化的黄油。加奶油调味后，它们既可以用来做沙拉，也可以当成配菜。

在整个18世纪的法国和英国烹饪书中都出现过这两种处理方式的变体。例如，文森特·拉查佩勒在以两种语言出版的《现代烹饪》一书中，进一步完善了烹饪方法。他建议将菜豆重新处理后，放在一个小壶里，与水、黄油、盐和洋葱一起慢慢煮；然后用平底锅，将更多的黄油、少许面粉、切碎的洋葱和泡菜豆的卤水一起煎，同时再用蛋黄和少量醋增稠，这样“它们就会很美味”。菜豆也可以和火腿、培根或香肠一起炖。有趣的是，无论是在英国还是在法国，我们都无法在这些烹饪书中找到干豆子的身影。人们对干豆子的社会耻辱感实在是过于强烈，以至于只有新鲜的或腌制过的四季豆才配得上精英人士的餐桌，以及那些渴望模仿他们的饮食习惯的人。

第一次提到干菜豆的法国烹饪书是弗朗索瓦·马林撰写的三卷本巨著《科摩斯的恩赐》，于1742年印刷出版。它们的出现似乎反映了作者试图接触到更广泛的读者，而不仅仅是贵族家庭。书中甚至有一节解释了“烹饪和资产阶级经济的思想”，以及工匠等拥有“平庸的财富”的人如何也能享受美食。这也许可以解释为什么我们会突然看到烤面包配白菜豆，以及白菜豆浓汤这种简单的中产阶级食谱。作者的记录过于简单，一些步骤似乎不那么清楚；所有的原料只要放入带盖的大汤锅或小锅里，在煤火上炖即可。

菜豆炖羊肉片

用猪油或黄油煎肉片，煎好后取出。接着煎切碎的萝卜，待萝卜变色时盛出，晾干，和肉片一起放入带盖的大汤锅里，加入香草、盐和胡椒。将锅里剩下的东西做成酱，加入水或肉汤后盖上盖子，让菜豆在滚烫的煤火上慢慢炖煮。如果要脱脂，需加入非常干燥的面包块和少许醋。

我们还可以从安东尼·帕门提尔1781年发表的《植物营养研究》中关于蔬菜的研究，了解到在法国大革命前夕，普通民众是如何食用豆类的。帕门提尔以土豆的伟大推广者而闻名，他指出，当小麦价格高时，豆类通常被用作面包的补充剂。他承认，尽管豆科植物为整个欧洲提供了营养，但是“它们根本不适合做面包”。在对野豌豆和蚕豆的介绍中，他写道：“它们只会导致严重的消化不良，口感也很糟糕。”唯一自然的烹饪方法就是和四季豆一样在水里或者浓汤里煮。

直到19世纪，专门面向穷人的烹饪书籍才真正包含了干豆子的食谱。就像在意大利一样，这些记录的作者通常是那些高高在上、屈尊描述农民饮食方式的精英厨师，或那些有社会良知、真诚地帮助贫困家庭解决问题的人，这种情况在英国同样也会出现。皮埃尔-约瑟夫·别克霍兹在1803年给了我们一个暗示，即菜豆一直以来都是穷人的食物，其烹饪方式与富人的烹饪书中记录的截然不同。他描述了通常的保存方法，认为这些方法破坏了新鲜的味道，但同时也写道："新鲜和干燥的豆子都能食用，可以在水里炖煮后与肉类一起吃，并用油和醋调味；也可以把它们做成极好的浓汤；还可以用它们来做面包。"我们几乎可以肯定，描述普通饮食方式的突然变化是文化环境转变的结果。法国君主制垮台后，普通公民对他们的日常生活，尤其是食物来源和营养充满了担忧，引起了真正的政治关注。革命有可能，当然也一定会再次发生，而且往往就是由饥荒引发的。别克霍兹还提供了一种非常简单的白菜豆食谱，适合革命时期提倡的那种节俭美德。

白菜豆酱

往黄油和面粉中加入切碎的洋葱、香菜和一点醋，再和白菜豆一起炖煮成酱，加入肉汤、盐和胡椒粉湿润；如果是作开胃菜，也可用上等油代替黄油。

然而，君主制在法国得以恢复，规模宏大的宴会也随之而来。当贵族们对安东尼·卡莱姆如高耸建筑一般的美食杰作垂涎三尺时，这位被誉为“国王厨师”和“厨师之王”的著名大厨却端上一碗像豆汤这样低贱的食物，这一举动实在是令人困惑不已。但事实上，1829年在罗斯柴尔德酒庄的餐桌上确实出现过一种红豆汤，只有名字透露了其中隐藏的美感，“孔德汤”。17世纪，孔德亲王让伟大的瓦岱勒掌管他的厨房（就是那位以为自己做的鱼不会上桌而选择自杀的瓦岱勒）。也就是说，卡莱姆的这道菜是一位伟大的厨师对另一位厨师的敬意，也是卡莱姆对他所认为的17世纪菜肴的重现。当然，他完全误解了这一点，但豆汤的出现注定是一道具有历史意义的菜肴，也许更好地反映了当时的普通菜肴。它的做法很简单：三品脱红豆、一把蔬菜（胡萝卜、韭葱、萝卜和芹菜）、一块瘦火腿和一只鹧鸪（可能是为了给这道菜增添几分优雅）在锅里煮三个小时后，过筛并加入清汤再炖两个小时，配上油炸面包即可。这道并不复杂的浓汤很有可能会出现在一张比罗斯柴尔德家更不雅致的桌子上。

但我们不能忘记，在许多人的心目中，豆子仍然是一种粗粮，适合粗鄙的普通人食用。在布里亚-萨瓦兰看来，即使是大名鼎鼎的苏瓦松豆（Soissons bean），也很可能只是胖子们津津乐道的食物。在他的《味觉生理学》中有一段关于肥胖的有趣对话。他坐在各种各样的胖子中间，这些胖子正喊着要吃油腻的面包、土豆等食物。有人要吃苏瓦松豆，作者便讽刺地哼着那首著名的曲调“苏瓦很高兴，豆子在家里做”，为此还受到了谴责。于是，布里亚-萨瓦兰只能感叹：“豆子的诅咒！”布里亚-萨瓦兰可以说是现代低碳水饮食理念的狂热信徒。在他看来，豆子不仅粗俗，而且会使人发胖。

不过，豆类最终还是成了高级烹饪的食材。可以说，被法国人神化的菜豆就是在著名的朗格多克豆焖肉中发现的，这道菜最早应该是用蚕豆做成。据传说，它起初被称为“土豆焖小牛肉”，发明于百年战争期间城堡围城的困难时期。镇上的厨师把他们所有的东西都扔进了一口巨大的砂锅里，从而为军队提供食物，军队因此就有了击退入侵英国人的力量。在某一时刻，菜豆被引入了这道菜。今天，这道菜的原料中还包括独特的白色薄皮大菜豆——塔巴菜豆（haricot tarbais）。这个品种的故事与德普登克斯的塔尔贝斯主教有关，据说是他在西班牙发现了这一品种，并于1712年将它带到了比利牛斯山脉，至今仍在阿都尔山谷种植。

实际上，豆焖肉有三个不同的版本，每个版本都声称自己是最正宗的。普罗斯普·蒙塔尼说：“豆焖肉是奥克西坦美食之神：是卡斯泰尔诺达里之父，卡尔卡松之子，图卢兹的圣灵。”每个版本都是用砂锅而不是金属锅做的。第一个版本包括豆类、猪里脊肉、香肠、猪肉皮和焖鹅腿肉，所有食材都放在烤箱里慢慢烤制，顶部的材料每隔一段时间就向下推，然后用面包屑覆盖，有些食谱中甚至规定了往下推的次数；

第二个版本使用羊肉，有时也会使用鹧鸪；最后一个版本则包括新鲜的猪油和香肠、羊肉、鸭或鹅的组合。所有做法都源自《拉鲁斯美食百科》，但是每家的做法都各不相同。

相比之下，大仲马提供的“乡村猪油炖豆”配方要比以上几种做法都简单得多，而且可能更接近农民式的原始配方，就和火枪手的名声一样。

> 首先要有一个健康的胃和好胃口。当你不生病的时候，你从来不会缺少其中的任意一个，除非你放纵饮食或缺乏锻炼。在合适的时候起床，空着肚子出去一会儿：骑马散步或步行快走；他们一定认为你很健康，因为你读过烹饪书。然后用1公斤上好培根和2升左右的白菜豆一起煮；切成薄片，这样所有的小块都同样充满脂肪。加入足量的水，在烹饪过程中不需要搅拌。在加水的过程中，所有的水和脂肪都会被淀粉吸收，这样它不用煮沸就能完全煮熟。

英国

没有任何一本17世纪和18世纪的英国烹饪书提到来自新大陆的豆子，同样也没有提到干豆子。就像在法国一样，它只以未成熟的四季豆的形式出现，在英国被称为法国豆或菜豆。和法国一样，英国人通常采用干燥的方式来处理菜豆，或者像酸豆一样用盐腌制保存。约翰·伊夫林1699年在《醋叶法》中记录了一份腌菜食谱，做法相当简单，可能被认为是后来几个世纪中几乎所有英国食谱的祖先。

> 选取那些新鲜幼嫩、接近成熟的菜豆，放入由白葡萄酒醋和盐组成的能浮起鸡蛋的卤水中。盖紧密封，保存十二个月。但在你使用它们前的一个月，取出你认为足够一年中所需数量的四分之一（长时间的二次腌渍可以保持它们的完好）放到一锅淡水里煮，直到它们开始变绿（它们很快就会变绿）。然后把它们一粒接一粒地放在干净的餐巾纸上沥干水分，逐层放入罐中，加点醋和你喜欢的香料后盖好；用一些重物压在上面，使它们浸泡在卤水中。你可以用这种方法把菜豆保存整整一年。

到18世纪中叶，农艺学家们已经很清楚地知道，某些菜豆的品种来自美洲。有趣的是，除了牛饲料和我们所见的新鲜绿色食品外，这些植物似乎不像旧大陆的品种那样经常为了餐桌而种植。例如，菲利普·米勒的《园丁词典》（1748年第三版）解释说，列举所有的菜豆品种毫无意义，“因为美洲每年都会为我们提供新品种，所以我们不知道英国会生产什么品种；此外，这些品种不太可能在这里种植，因为对于厨房来说，老品种比任何新品种都要好”。他认为种植豆类主要是为了观赏它们的花，并用术语准确描述了荷包豆等物种。相比已经不怎么被人食用的普通白菜豆，他更喜欢小一些的“巴特西”豆（Battersea bean），并坚持认为这是“所有豆子中最适合吃的豆子”。从上下文也可以清楚地看出，他谈论的是四季豆，而且只有少量豆子会被保留在植物上，等待成熟成为种子。

18世纪时，几乎每本烹饪书中都收录了腌菜豆的食谱，而且通常所有的作者之间都会互相抄袭，所以这个配方的起源很可能在其他的地方，但下文引用的做法取自拉菲尔德夫人1787年的版本。毫无疑问，它比伊夫林版更辛辣、更有趣，反映了大英帝国口味的变化。牙买加胡椒就是我们现在所说的多香果，长胡椒是普通胡椒的近似种，它的形状有点像针尖状的柔荑花序，啤酒醋则是麦芽醋（这个术语不太准确）。

腌菜豆

> 将幼嫩的小菜豆放到浓盐水里泡三天，每日搅动两三次，随后放进铜锅里，放入藤叶，加水后盖紧，小火慢炖，待它们变绿后放进筛子里沥干，然后用白葡萄酒醋或优质麦芽醋腌制，加少许肉豆蔻、牙买加胡椒粉、长胡椒粉和一两片姜煮五六分钟，趁热把它们倒在菜豆上，最后装入猪膀胱中绑好。

为了保持豆子的鲜绿色，人们通常会在开水中放一枚铜币。休斯博士在他的《新家庭收据簿》（1817年）中反对这种做法，警告说这么做会导致铜中毒，并解释了其原因。其他的食谱则推荐用明矾来保持腌菜豆的鲜绿色。

工业时代

在18世纪末和19世纪，英国是世界上第一个经历了被称为“工业革命”的技术和社会变革的国家。这在一定程度上可能是因为在《蚕豆》一章中提到的农业革命，即人口的增长和可以集中在工厂的廉价劳动力供应。所有这些因素都与新燃料的开发相协调，如用于蒸汽机的煤。简而言之，空前数量的人口离开了农村，搬进了城市的公寓。他们受雇于工厂，此时距离出台对工作条件、最低工资的规定还有很长时间，就连童工法也没有出现。之所以不愿意管制劳动力，一方面是执行亚当·斯密的经济理论的结果，他认为政府对经济的干预越少（因此是“自由”的经济），大多数人积累的财富就越多；另一方面，这些工厂的资本家也是制定法律的人，很明显，正是他们从这种新的安排中获益最多。实际上，这确实是前所未有的情况。以前，政府经常为食品定价，工资由行会决定，贸易受到严格控制。突然间，在假定供需自由的前提下，经济被放任不管，所谓的“看不见的手”将使所有事情都符合每个人的利益。尽管这是对斯密的理论的简化，但它还是确保了政府不会干预经济。

工厂主获得了前所未有的繁荣，多数工人却在遭受苦难和压迫。由于工资已经被压到最低，无产阶级的饮食大幅减少，肉类因此成为一种罕见的奢侈品，家庭收入的更大比例被用于购买面包、茶、糖和土豆等淀粉类食物。与食品纯度相关的法律的缺位，导致制造商经常在食品中掺假。英国工人阶级的健康每况愈下，佝偻病（一种维生素D缺乏症）日益普遍。在这种环境下，豆类在工人阶级的饮食中发挥了重要的作用。突然间，市面上出现了迎合这一阶层的烹饪书籍，其中总是包括价格实惠的豆制品，这可能不是巧合。这一点在威廉·基奇纳1817年极受欢迎的《烹调神谕》中就已经很明显了。基奇纳的目标是“让便宜的食物也能被人的味蕾接受”。

> 要做三夸脱的汤，需要先用温水把一夸脱的白扁豆彻底洗净；慢慢地煮几个小时，直到豆子变软；过滤后倒入干净的炖锅，放入一大把欧芹、四分之一磅黄油和撕碎的面包，加入白胡椒和盐调味，慢炖一个半小时，过筛后上桌。

1825年，一位在法国生活多年的英国医生路易斯·乌斯塔什·奥多出版了著作《法国家庭烹饪：适合中等财富家庭结合经济与优雅的烹饪方式》。和其他地方的书一样，本书中也涉及了社会良知，并收录了简单的乡村食谱。

普罗旺斯干菜豆

把一夸脱干菜豆和四勺油、一小块黄油、两片洋葱、

> 一些欧芹丝、一束香草、一只鹅腿或一点咸肉、一些胡椒粉、盐和一点肉豆蔻放进一个小瓦罐里，炖煮四个小时左右，直到酱汁足够浓郁。

奥多还提供了许多其他简单的菜豆食谱，包括一种被称为“资产阶级白菜豆”（white haricot à la bourgeoise）的食物，具体做法是简单煮熟后加入黄油和调味料在平底锅里翻炒即可。还有一种炖红腰豆的食谱，需要在沸水中加入葡萄酒和黄油，配以培根食用。同样，只有在19世纪的社会困难时期，那些所谓经济实惠的烹饪书中才会收录干豆类食谱。没有比索耶的廉价平装本《先令烹饪书》更好的例子了。索耶是个很有个性的人，但他也有很深的社会良知。在爱尔兰土豆饥荒期间，他在爱尔兰设立了施粥所，并在克里米亚战争中设计了一种便携式火炉，供战场上的士兵使用。他那本廉价的烹饪书在19世纪中叶卖出了25万册，这也许是他永恒的见证。以下是他制作的简单实惠的豆类食谱：

> 把一夸脱菜豆用白开水洗净后放入铁锅里，加四夸脱冷水、一盎司黄油或脂肪；用文火煮3小时至菜豆变软；加入三茶匙面粉、半勺胡椒粉后煮10分钟，继续搅拌，放三茶匙盐后上桌。加入一盎司黄油算是对过去食谱做法的一种改进。煮的时候可以随便加一点肉。四棵洋葱切片油炸，当菜豆快熟的时候从汤里滤出，放到面包中。

索耶的担心源于他的印象，因为当时知道怎么做饭的年轻家庭主妇已经很少了。她们长大后通常会去工作，从来没有机会在家学习基础的家政知识。对此，索耶给出了他的建议，比如如何布置厨房、如何购买便宜的餐具，以及如何在财务预算紧张的情况下养活饥饿的全家。值得注意的是，这也启发了贝顿夫人1861年的《家庭管理书》。这本书是写给中产阶级读者的，仍然只收录了使用新鲜四季豆和新鲜去壳蚕豆的菜谱，却没有收录使用干豆子的菜谱。看起来，干豆子似乎仍然被污蔑为下层阶级的食物。

罐头的发明真正彻底改变了不起眼的菜豆的命运，不仅降低了它的价格，还在历史上第一次使它可以这么快捷、方便地食用。19世纪初，法国人尼古拉斯·阿佩特发明了玻璃罐，最初用于制作不合季节的美食、水果和蔬菜。通过反复尝试，阿佩特发现可以把食物密封在罐子里之后煮沸，从而杀死细菌，创造一个封闭的真空环境，使其他污染物都无法进入。法国微生物学家巴斯德后来也发现了这一原理。阿佩特解释说："我采取了预防措施，剥壳后就把豆子放进瓶子里。当瓶中装满豆子，我就往每个瓶子里都放一小束香薄荷；迅速用软木塞塞住瓶口，让它们在水浴中沸腾一个小时。"虽然实际上他更喜欢小蚕豆，但他也会罐装苏瓦松豆和白菜豆。

有了这项新技术，罐装豆子开始被用作海军的补给，但是玻璃既不轻便也不耐用。英国人完善了金属罐头技术，彼得·杜兰德成为第一个使用镀锡铁的人。他获得了一项专利，然后把这项专利卖给了布莱恩·唐金和约翰·霍尔，后者于1812年开始在伯蒙西大规模生产罐头食品。到第二年，他们为英国陆军和海军提供给养。起初，罐头并不便宜，也不容易做，但从长远来看，它们改变了豆类的食用方式。毕竟罐装豆类不需要太多的加热费用，甚至可以直接从罐头里拿出来冷着吃。

具有讽刺意味的是，英国人对罐装豆子的喜爱其实来自美国。亨氏公司于1869年在美国宾夕法尼亚州的夏普斯堡成立，最初是一家生产腌菜的公司。到了19世纪末，他们把生产线扩大到调味品和烘豆。通过积极的营销活动，他们最终于1886年将产品销往英国，并于1905年在佩卡姆建立的一家工厂开始生产。英国人成了吃豆子的典范，尤其是亨氏罐装烘豆。想想广告歌曲《买豆子就找亨氏》（*Heinz Meanz Beanz*），其中就包括歌词“什么配茶吃，妈妈?”，答案就是歌曲名。根据吉尼斯世界纪录，英国是世界上人均食用烘豆数量最多的国家（1999年人均消费11磅，每人10盎司）。亨氏公司估计，英国人每天要吃掉150万罐烘豆罐头。该公司报告称，1998年的一项民意调查将烘豆选为最能代表英国的产品之一。伦敦商业设计中心设有一个时间胶囊，里面就装着亨氏烘豆。虽然对大多数美国人来说这种吃法很奇怪，但亨氏烘豆通常与煎蛋、坎伯兰香肠（即血肠）、烤番茄和炸面包一起被当作传统英式早餐。一个快速的、不那么麻烦的版本只是包括豆子吐司，可以当作早餐或任何时候的便餐。

当然，人们对烘豆（Baked Beans）也带有一种怀旧之情（也有人在亨氏推出*Heinz Meanz Beanz*之后将烘豆写作Baked Beanz）。在英国，这是一种典型的家庭舒适食品，能让人回想起年轻或学生时代的节俭生活。不过，最近有许多人认为它们的味道和以前不太一样了。有些人说它们水太多了，太甜了，或者豆子太糊了。虽然该公司最近已经降低了含盐量，但配方是否真的发生了变化，或者记忆是否随着时间的推移对味道进行了美化，目前尚不确定。

到了19世纪后期，除了现代人对罐装豆子的痴迷，英国更典型的烹饪豆子的方法是把豆子放在汤里，或者做成经典的“猪肉和豆子”。1880年弗雷德里克夫人的《给家庭主妇的指导》让我们很好地了解猪肉和豆子是如何做出来的，具体由家庭厨师而不是读者制作，本书就是用来告诉她们如何最好地指导家庭用人。例如，关于豆汤，弗雷德里克夫人坚持不能随意煮豆子，必须过滤。“这道汤的好坏取决于煮汤的方法和烹饪的细心。厨师常常因为不太喜欢用力而糟蹋了它；看看我们经常要忍受的块状土豆和松软的菠菜吧。”雇用用人的做法在中产阶级中并不少见，这些中产阶级可能就是本书的目标读者。下文就是她在书中列出的烹饪猪肉和豆子的食谱；其中使用的培根不像美国的培根那样薄，而是熏过的大块猪肉。

> 将一夸脱的菜豆浸泡在冷水中过夜，第二天早上把水倒掉。把它们放在平底锅里，加足够没过豆子的冷水。加入一磅半的培根或咸肉，用文火慢炖直到豆子变软，如果豆子煮干了，再加些水。取出猪肉，整齐地切好，放在一个深盘的中央。倒掉豆子里的水，只留少量水分让豆子保持湿润和柔软，煮沸至成为豆泥。放进盛有猪肉的盘子里，注意不要盖住猪肉，放在猪肉旁边即可。把整个盘子放进烤箱烤20分钟，直到变成漂亮的棕色。这道菜足以为你提供一顿满意的午餐。

英国还有组织“豆宴”（bean feast）的传统：在老板为工人举办的庆祝活动上吃豆子。这也可能是工人阶级俱乐部或社团的庆祝活动，似乎是这个词最初在印刷品中的使用意义。根据1789年《牛津英语大辞典》的说法，“一年一度的豆宴将于今年7月22日举办，安排在圣乔治菲尔德的老房子里，多年来一直以这个名字庆祝……”。根据传说，英王乔治三世曾经隐姓埋名参观伍里奇兵工厂，并与工人们一同在户外吃了一些豆子和熏肉。这次经历给乔治三世留下了十分美好的印象，所以他每年都举办一次豆宴来纪念。撇开这个传说不谈，豆宴确实已经成为工人阶级的狂欢节日，或称“快乐的盛宴”。在这个节日里，喧闹的行为和酗酒让一切都短暂地颠倒过来。这可能就是为什么英国流行的连环漫画被称为《欢宴》的原因——它显然能够吸引工人阶级，反派通常是来自上流社会的蠢货和势利小人。

在J. K. 杰罗姆的小说《三人同舟》中，一段滑稽的情节很明显地体现了豆宴与阶级之间的联系。书中的人决定在泰晤士河上慢慢划船，但经常被蒸汽驱动的游船打扰，那些游船正载着富有的乘客匆匆驶过。这是一种蓄意的侮辱方式："我们发现了另一种激怒贵族蒸汽船的好方法，就是误认为他们在举办豆宴，然后问他们是不是库比特先生或伯蒙齐圣殿骑士，能否借给我们一个平底锅。"至少可以这么说，把豪华游艇当成工人阶级的派对船是非常有失身份的举动。

然而，豆类在英国工薪阶层中的流行并没有扩大到那些有品位和鉴赏力的人中。1897年，爱德华·斯宾塞在他那明显充满势利的作品《饼干和啤酒》中直截了当地说："令人好奇的是，在如今低俗的人们中，似乎对这种蔬菜有某种偏见；或者为什么说'我要给他豆子'就等同于威胁'我要尽我所能去害他'？"接着他讨论了菜豆"就像愚蠢的法国人所说的豆子"，并说："在欧洲，除了法国人和罪犯，很少有人吃这种豆子的干种子，而是经常把它种在郊区的花园里，形成一道篱笆，将猫挡在门外……"此外，他还补充说："英国的'豆宴'是一场盛宴，在宴会上不吃豆子，也不吃其他很多东西。聪明的外国人可能会认为豆宴只是表达对酒神巴克斯的崇拜。”也就是说，豆宴只不过是一个喝得酩酊大醉的机会。

尽管存在这样的偏见，但在整个20世纪，英国人仍然对烘豆上瘾，尤其是烘豆已经成为工人阶级的骄傲。一个简短但无关紧要的轶事可能会说明这一点。实际上，这只是电影《威利·旺卡与巧克力工厂》（又名《欢乐糖果屋》）第一版歌曲中的一句。看过这部电影的美国观众恐怕会相当困惑，因为暴发户坚果加工商（维卢卡·索特饰）被宠坏的女儿突然唱起歌来，要求来一场“豆宴”。考虑到她出身于英国北部的工人阶级家庭，这么设定可以说完全合理。

至于英国人和四季豆，直到最近，四季豆还是受到与新鲜豌豆同样的暴力对待。1929年，W. 泰格茅斯·肖尔在书中简单地写道：“英国应该有一个防止虐待蔬菜协会。所以这个四季豆的配方非常合适。”然后他建议读者不要把四季豆切成片或剁碎，只要去掉两端和豆线，然后用黄油、高汤和几滴柠檬汁慢炖即可。

美　国

如果烹饪书可信，那么北美殖民地的英国后裔吃的食物基本上与他们的祖先没有什么太大的不同。事实上，这些烹饪书并不可信，因为它们大多是为富人写的，即使不是像E. 史密斯那样的英国著作的直接翻版，但他们仍然试图复制英国的烹饪风格。第一本真正的美国烹饪书是阿米莉亚·西蒙斯1796年写的《美国烹饪》，书中确实包括了玉米等美国食材，以及蔓越莓酱火鸡等菜式，自从殖民时代以来，人们就一直吃这些。然而，这本书中的大部分内容与当时的英国烹饪书并没有太大的不同，而且书中也只收录了四季豆的菜谱，并没有烘豆。

我们可以在当时的记述中找到能更好地说明殖民饮食的例子，比如威廉·道格拉斯在1749年关于英国殖民地的报告中写道："在新英格兰……穷人的一般生计（这在很大程度上导致了他们的疾病）是咸肉和印第安豆，外加印第安玉米粉面包。"他所说的疾病是一种被认为由腌制食物引起的瘙痒。在威廉斯堡殖民地的记录中也有书面证据表明，菜豆经常与蚕豆一起种植。事实上，许多不同品种和颜色的菜豆大多作为四季豆食用。在革命时期，一些植物的种子被储存起来：坎特伯雷菜豆；土耳其菜豆，它的名字可能来源于错误的起源地土耳其；以及也连着豆荚一起吃的荷兰豆。

除了品种繁多和地理位置不同之外，烘豆一直是美国最经典的菜式。在美国，没有哪个地方比波士顿更能始终如一、充满自豪地与它们联系在一起，波士顿的昵称就是"豆镇"。在棒球领域，红长袜队出现之前还有波士顿食豆人队，他们在1897年赢得了冠军（后来他们成为勇士队，并搬到了密尔沃基）。波士顿还会定期举办豆宴，有时与政治活动有关。在美国，也许没有哪座城市会与某一种食物如此紧密地联系在一起，也没有哪座城市能让居民把吃这种食物当作公民自豪感和传统的体现。波士顿人认为，这种习惯可以追溯到清教徒的创始人。

关于波士顿烘豆的起源众说纷纭。有些人认为，这种基本的食用方法是17世纪时从当地的印第安人那里学来的。他们显然是在地下烤豆子，用枫糖浆和脂肪调味，尽管没有什么令人信服的证据表明他们能够把枫树汁煮成糖浆。按照这个故事，殖民者仅仅是使用糖蜜和猪肉脂肪调整了这道菜，把它装进传统的陶瓷豆锅里并放入烤箱烹饪。第二种观点认为，清教徒和虔诚的犹太人一样，会在安息日的前一天晚上烤一壶豆子，这样就可以避免在休息日劳动。这些豆子可以被当成星期六的晚餐，星期天早上再吃一次。虽然这在后来的几个世纪成为一种传统，但人们并没有找到殖民者这样做的记录。第三种观点认为，新英格兰的船长在北非从西班牙犹太人那里学到了这种做法，西班牙犹太人做了一道叫skanah的菜，似乎是用鹰嘴豆做的阿达菲娜的变种。如果这是真的，那么这就不是两个不同的人偶然发明了同样的安息日传统的巧合，而是真实存在的历史联系。不过这似乎不太可能。还有一种可能有些牵强的理论，据说波士顿烘豆起源于法国，是由于来自法国的豆焖肉被引入魁北克，而在那里有着和新英格兰一样悠久的烘豆传统。

有一件事是肯定的：英国没有烘豆的传统。即使在19世纪末，烘豆在那里似乎也不为人知。约翰·哈维博士的妻子埃拉·凯洛格在1893年出版的《厨房里的科学》一书中讲述了一则颇具启发性的故事：

> 要烘焙的豆子应该先煮熟，直到变软……我们提到这一点是为了预防一些业余厨师被"烘烤"一词误导，重复几年前我们在伦敦时雇用英国小女孩做厨师的那段经历。在点餐时，我们完全忽略了烘豆几乎是一道彻彻底底的美国菜的事实，也没有提出任何关于烘豆的最佳烹调方法的建议。这个可怜的姑娘费尽了自己的本事，但当她在晚餐时把豆子端上桌后，脸上充满了困惑："喂，太太，豆子在这儿，可是我不知道你打算怎么吃。"我们也没有吃，因为她实际上已经把豆子烤干了，它们躺在盘子里，呈现出烘咖啡豆一样的棕色，口感就像子弹一样硬。

也许这个女孩只是太笨了，换一个厨师可能会做得更好。无论是哪种情况，烘豆都没有出现在当时的英国烹饪书中，也不会出现在17世纪的那些烹饪书中。正如我们所看到的，如今英国人对烘豆的痴迷，只能追溯到20世纪初。

所以，烘豆是美国本土的食物，但在殖民时期的美国却找不到相关食谱。阿米莉亚·西蒙斯的书中只字未提烘豆和干豆子。第一个公布的烘豆食谱可以追溯到1829年，出自波士顿烹饪书作家莉迪亚·蔡尔德的《美国节俭的家庭主妇：献给那些不为贫困感到羞耻的人》一书。这本廉价的小开本书籍专门为那些19世纪20年代遭受经济萧条的贫困家庭而设计，烘豆首次出现在这类书籍中也就不足为奇了。很明显，这本书获得了巨大的成功，截至20世纪中叶，它已经印刷了35次。

> 烘豆是一道非常简单的菜，但很少有人能做得很好。豆子应该提前放在冷水里，在烤的前一天晚上挂到火上。到了第二天早上，把它们放在一口漏锅里，冲洗两三次；然后连同要烤的猪肉一起再次放入锅中，加水没过食材，持续炖煮一个小时或更长时间。一磅猪肉加上一夸脱豆子，这对一个普通的家庭来说绝对是一顿丰盛的晚餐。猪皮应该切开炖煮。肥瘦交替的猪肉最合适；猪脸则是最好的选择。在豆子上撒一点胡椒粉，当它们放在豆锅里的时候，不会使它们显得那么不健康。放入烤箱前，所有的食材都要没入水中；猪肉应该沉到豆子表面以下一点。烤制三四个小时即可。

与此类似，主要负责在美国推广感恩节庆祝活动的莎拉·约瑟法·黑尔女士，在她1841年的著作《好管家》中有关“廉价菜式”的一章里，也收录了猪肉和豆子的食谱，实际上就是烘豆。在她看来，“这一章不是为穷人写的”，即既不是那些依赖酒精而变得十分悲惨的穷人，也不是那些她称为“奢侈穷人”、入不敷出的人。相反，本书是为了节俭和勤奋的人——那些“越来越富有”的人准备的。她还在书中表示，展示如此廉价的食物令她不安，并承认“这道菜经济实惠，但不适合虚弱的胃”。此外，“除非经过充分浸泡和清洗，否则豆子不会变白或变得适口；没有这个过程，它们也不会成为健康食物”。

“波士顿烘豆”一词似乎直到19世纪中叶才开出现；1853年，A. L. 韦伯斯特夫人的《改善家庭主妇》一书中使用了该词，这是它首次出现在印刷品上。直到此时，糖蜜才成为烘豆中不可缺少的成分，它的普遍存在被认为是制糖工业的副产品。不过，用任何方法使豆子变甜的历史都可以追溯到更久远的时期，而魁北克人用枫糖浆制作的版本可能更好地反映了这道菜的早期历史。在法语中，它被称为“枫糖猪肉炖蚕豆”（Fèves au Lard au sirop d'érable），尽管它是用白菜豆而不是蚕豆做成的。

> 将海军豆或北方大豆在水中浸泡过夜，第二天将水倒掉后冲洗。加两英寸深的水烧开，小火煨至豆子发软。往装豆子的锅中加入枫树糖浆、芥末、百里香、一大块腌猪肉和切碎的洋葱，在低温下烘烤大约六个小时。烘烤结束后，再加一点糖浆就可以上桌了。

豆类食谱最早出现于19世纪，这并不令人惊讶。各种各样的豆制品食谱似乎都是在经济萧条时期大量出现的，特别是那些为普通家庭撰写的小型廉价食谱。这可以解释莉迪亚·蔡尔德的烹饪书中出现烘豆食谱的原因（或许还可以解释20世纪30年代出现的那些）。作为最便宜的蛋白质，豆类被推荐为实现收支平衡的一种理想的方式——也就是说，假设一个人有时间和燃料来烹饪它们，就不用担心厨房里没有合适的烹饪设备了。

在19世纪的美国，豆类作为一种简单而节俭的食物同样具有一定的内涵，人们选择这种食物不是出于必要，而是要逃避现代生活的过度精致以及这种生活方式对健康、精神和自主权的威胁。想想西尔维斯特·格雷厄姆吧！这位住在马萨诸塞州北安普敦的素食领袖给我们带来了全麦面粉和同名的饼干，两者都没有受到机械加工和添加剂的污染。格雷厄姆被认为是第一个我们可以称之为食物路德派的人，他追求简单的饮食而拒绝现代加工，是我们现代健康食品运动的历史先驱。

这些19世纪的路德派信徒和素食主义者也用最新的科学证据来支持他们的观点。1842年，贾斯特斯·冯·利比格希发表了他的《动物化学》和其他与食物有关的研究。在这些研究中，他发现所有食物中都具有某种物质，我们现在称之为蛋白质。通过从面粉中提取谷蛋白并与动物蛋白进行比较，他证明了两者之间没有基本的化学差异。当然，他在这一点上搞错了，而且一种氨基酸都没有发现，但无论如何，这一科学论点为人们可以靠食用蔬菜生活提供了证据。对特定食物的研究结果表明，豆类的蛋白质含量是所有蔬菜中最高的。毫无疑问，豆类在20世纪中叶开始兴起的素食主义饮食中占有重要地位，“素食”这个词本身以及大西洋两岸的素食社群也是如此。

在转向基本简单食物的过程中，威廉·奥尔科特出版了他的《蔬菜饮食》（1849年）。书中收录了来自素食主义者和医生的各种证明，表明不吃肉能带来各种好处。在贬低肉类的同时，本书也以一种在西方文明中几乎完全不为人所知的方式来美化豆类，书中指出："任何细心的问询者都不会怀疑面包、豆子、大米等食物的营养价值，它们至少是肉或鱼的两倍。"引用珀西和瓦奎林的一项研究，他坚持“平均每100磅面包中含有80磅的营养物质，相比之下，平均每100磅肉类中只含有35磅；而对谷物中的菜豆而言，每100磅中含92磅”。这确实是颠覆性的结论。他把豆类放在营养食品的首位，认为其中固体物质占86%，水占14%；而化学成分占肉类的31%（他指的是蛋白质——实际数字和这个很接近），热量形成物质（指碳水化合物）占51%，骨骼矿物质占3%（这似乎是指钙）。

尽管有这些赞美之词，但豆类仍然受到社会的歧视，主要是因为吃豆会造成排气。奥尔科特总结道："菜豆，无论是成熟的还是青四季豆（除非是放在面包或布丁里），都不如豌豆健康。它会导致肠胃胀气、胃酸过多和其他疾病。然而，熟透后适量食用，对健康的体力劳动者来说则是能扛得住饥饿的食物。四季豆最美味，但最不健康。”在另一本写给年轻主妇的书中，奥尔科特还警告大家不要吃菜豆，尤其是患有肠胃胀气的人，而且他建议只在纯净水中加少许盐炖煮食用，它“应该作为早餐，单独或者和面包一起食用。那些精力充沛的人如果喜欢的话也可以在晚饭时吃，但早餐是最好的食用时间；而且记住，永远不要在夜里吃”。

到了19世纪中期，无论有没有豆子，简单节俭的饮食都开始流行起来，通过它们，我们也许能够理解历史上一则更有趣的豆子故事，即为什么亨利·戴维·梭罗决定放弃文明生活，并在1845年成为一个隐居在瓦尔登湖畔的隐士，进行一项以种植豆类为生的实验。我们不应错误地认为梭罗像约翰·缪尔一样为了自然而欣赏自然。恰恰相反，梭罗强调尊重自然，用自己的双手而非马和机器来种植。他在《瓦尔登湖》的《豆田》一章中记录了他的决心：“我决心要了解豆子。”这或许是一个自嘲的笑话——了解豆子就等于什么都不了解，可能是对博学的玩笑，但另一方面，他在孤独中阅读荷马的作品，不断用古典的，甚至是极其艰深的术语描述他的劳动。他说，豆子“把我和土地联结起来，使我获得了安泰拥有的力量”（只有把他从地上抬起来，赫拉克勒斯才能征服他）。他要靠自己谋生的决心也有一定的哲理。独立于文明之外（尽管他确实到城里去买了咸肉和酵母），他可以直接与大地接触，这也许使豆类成为一个合乎逻辑的选择。我们永远也不知道他为什么选择豆子，他自己也承认：“我为什么要种豆子？只有天知道。”他还思考：“我能从豆子或我自己身上学到什么？我珍惜它们，我锄草，早晚会关注它们；这是我一天的工作。”

这是一项艰苦的工作。据估计，梭罗种下的豆子长七英里，大约有25 000株。然后，他就像特洛伊人一样避开薄荷草并清除了杂草。他确实尝过豆子的味道，但奇怪的是，他承认自己“就豆子而言，天生就是毕达哥拉斯学派的人”，而且更愿意用豆子来换大米。（不过他确实给约瑟夫·霍斯默豆子吃，后者曾于1845年拜访他，写下“我们的菜单包括烤牛角面包、玉米、豆子、面包、盐等”。）但对梭罗来说，直接生活在土地上并不是一种考验。那又有什么意义呢？劳动似乎使他精疲力竭，第二年他没有这样做，后来就离开了湖畔。他种植这些豆子并不是为了赚钱，而是为了与大地元素力量交流，这是土著人曾经耕种的古老土地。他的目的是通过赤脚行走和他的努力劳动，从大地上汲取能量或“美德”。当农业变成商业，就不再是一种“神圣的艺术”，而仅仅是为了私利高效地种植农作物，通过这种方式，“土地景观被破坏了，畜牧跟我们一起退化了，农民过着最卑劣的生活。他了解自然，但他是个强盗”。可在瓦尔登湖就不一样了，那里不单单栽种小麦，同时也有土拨鼠的食物和杂草生长的空间，杂草又为鸟类提供了可食用的种子。他关于农业的看法对20世纪的工业化农业来说，简直是可怕的预言。

海军豆和旅行用豆

豆类也一直与海军联系在一起，正如“海军豆”这个名字所暗示的那样，它们可能是船员们在新鲜食物耗尽后被迫忍受的食物。一旦豆子也吃完了，那就意味着一切都结束了。法语中“豆子的尽头”（la fin des haricots）的意思是“一切都完了”，可能就是源于这一认识。

奇怪的是，有豆子出现的地方燃料总是很宝贵，因此只能用最短的时间来烹饪。根据巴勃罗·佩雷斯–马拉琳娜的说法，豆类（最开始是鹰嘴豆）是早期横渡大西洋的西班牙船只上的常规食物。砖砌炉灶应该放在远离风的下层甲板上，并设置在沙子中以防失火。由于时间充裕，浸泡豆子应该不成问题。1799年时，对于美国海军一名水手来说，典型的一周配给包括7磅重的硬质面包、2磅腌制牛肉、3磅猪肉、1份咸鱼，以及1.5品脱的豌豆，外加土豆、萝卜和每日半品脱的朗姆酒。“海军豆”这个词来源于这样一个事实：自19世纪中叶以来，它们经常成为美国军舰的补给。尽管根据珍妮特·麦克唐纳的说法，豌豆是纳尔逊海军上将的海军中最常食用的豆类，但在地中海和西印度群岛等地区还是用干菜豆代替了豌豆。

出于类似的原因，豆类也是理想的军用食品。美国南北战争期间曾发生过一段趣事，令人惊讶的是，它发生在1862年弗雷德里克斯堡战役之后，当时北方军队已经被打败。这则故事源自一个士兵的回忆录，它也说明，士兵们经常在有组织的食堂（即军队厨师准备的食物）之外随意为自己做饭。以下是记录者爱德华·布里奇曼写给他兄弟的一封信：

> 我们连队有个叫毕晓普的怪人。有一次，他把一壶豆子放在火上，然后被叫走了一个小时。他离开后，突然想起忘了给豆子加盐。所以，在遇到连队的一个战友时，便对那人说："你能不能进我的帐篷，往我的豆子里加点盐？"过了一会儿，他遇到乔治·克拉普，便说："医生，你能给我的豆子加点盐吗？我知道吉姆会忘记做这件事的。"乔治没有直接去营地，所以在遇到连队的另一个战友时，便告诉他毕晓普想要给豆子加盐，并问他是否愿意。他同意了。等到乔治回来，他也在豆子上撒了盐，而且加了双倍的盐！毕晓普回来后，准备坐下来美美地吃一顿。他是一个可以用强调的字眼来表达虔诚的人，一尝到豆子的味道就大喊："乔治·克拉普！他一定把一桶盐都倒进了这些豆子里！"乔治真是个可靠的朋友。

到了19世纪中期，豆类还被认为是跨越大陆的长途旅行的理想食物之一，由于它们耐储存，因此是理想的拓荒者食品。事实上，刘易斯和克拉克在19世纪初首次穿越美洲大陆时，就从圣路易斯带着100磅豆子出发。后来，他们与土著部落交易获得了更多的豆子，还和水牛一起吃豆子。这些移民给豆子起了个外号，叫“草原草莓”或“口哨浆果”，因为吃了它们就会发出声音。奔波在俄勒冈小径的探险家留下的食物清单中，列出了1 200磅面粉、400磅培根、100磅牛肉干、40磅猪油、200磅玉米粉和150磅豆子。但他们也带来了可以被视为奢侈品的食物：果脯、糖、咖啡和白兰地。人们不禁要问，一种烹饪时间如此之久的食物，怎么可能对那些经常在外奔波的人有用呢？就算豆子可以在运输过程中浸泡，但烹饪的问题怎么解决呢？事实上，它们可以混合饼干一起慢慢炖。但据说还有一种更有意义的方法。

在没有很多设备的情况下煮豆子的最好方法之一，就是把豆子和其他配料放进带盖的铸铁锅（荷兰锅）里，这种做法至今仍在美国新英格兰州以西的地区使用。把装满原料的锅放在深坑里的炭火上，再盖上更多的炭火，有时甚至完全埋在灰烬里放一整天。从某种意义上说，这可能复制了印第安人最初“烘焙”豆子的方法，因为灰烬起到了隔热的作用，余烬整晚都能保持高温。这种做法也非常适合乘坐轻便货车旅行的人，因为可以在大家都睡觉的时候做饭，到了第二天还能有一顿热腾腾的早饭。这种方法也许可以解释为什么在旅途中的人能做出需要花这么多时间烹饪的食物，毕竟这些豆子没法在做饭当晚就吃上。豆类也是加利福尼亚采矿营地的传奇食物。在这里，即使人们的居所摇摇欲坠，豆子也很容易煮熟。想想流行歌《哦，苏珊娜》中的歌词：

> 在小屋里，我们的日常食物
> 很快就被清点出来；
> 我们只吃豆子、面包、咸肉。
> 冰冷的大地是我们的地板。

不过，我们必须记住，大多数来到加利福尼亚州的矿工没有经过任何烹饪技能的磨炼，一个没有经验的厨师很容易就会毁掉一锅豆子，甚至造成更糟糕的后果。查尔斯·沃伦·哈斯金斯写了一本回忆录，讲述他49岁时的经历，其中就记录了一则关于的豆子故事。请注意，故事中的人名叫朱利叶斯（他是一位“来自波士顿、受人尊敬的有色人种”，也是一个知道怎么煮豆子的人）：

> 是的，先生！现在我猜你是在暗示你对煮豆子的问题一无所知。就像所有不懂烹饪艺术的人一样，先生；一个在崇高的文化中所必需的人，先生。我告诉你，早年的时候，一个无知的人在所有的旧锅和平底锅里装满了半熟的豆子。是啊！在50年代的一天，他在晚餐锅里装满了豆子，

> 当豆子膨胀起来时，他就拿出一条大链子绑起来，把它们关在锅里。不过我告诉他这没有用，因为吃豆子会使人发胀，先生！那你还不如试着用一条大链子拴着，让它们慢慢地膨胀起来。“什么朱利叶斯？”“是的，是的。”“朱利叶斯，锅盖被吹掉了吗？”不，长官；可是整口锅都炸开了，它在屋顶上炸开了，然后从空中飞向了博斯丁。矿工们认为它是一颗彗星，是的，它有一条长长的尾巴，火焰和碎石散布在整个国家。

1885年，一份名为《拓荒者的干白豆泥》的食谱在旧金山出版，其中的描写几乎能让你品尝到矿工吃的豆子的味道。以下文字来自朱尔斯·阿瑟·哈德：

> 取一夸脱干白豆，洗净后在冷水中浸泡一夜。沥干水分，放入平底锅中，加入三夸脱肉汤、一磅咸猪肉（已洗净并炖煮了5分钟）、一片生火腿骨、两棵洋葱和两根胡萝卜。盖上锅盖，慢慢煮熟。取出猪肉、火腿骨和胡萝卜，汤汁过筛后倒回锅中，加盐和胡椒调味，再加一片黄油。将猪肉切成小方块并炒熟，在上桌前连同小面包屑一起加入。

虽然没有特别的品种与采矿营地有关，但有一种独特的加利福尼亚豆子深受农场主的喜爱，生长在靠近加州中部海岸的圣玛利亚谷。作为圣玛利亚烧烤（包括烤三尖、莎莎酱，有时还有通心粉和奶酪）不可或缺的组成部分，“平基多”（pinquito）是当地的明星食物。这个名字似乎是说西班牙式英语的人发明的，取了pink这个词，加上了一些听起来像poquito的单词，意思是“小”，因为它确实是一种外形娇小的粉红色豆子，看上去特别迷人。这种豆子通常与熏肉和辣椒酱一起烹饪。唯一一个真正的名气竞争者是国王城粉豆，它是在传奇报人弗雷德里克·戈弗雷·维维安通过他的报纸《积极分子》的宣传，在19世纪末和20世纪初北部的萨利纳斯山谷实现灌溉之后引进的。在约翰·斯坦贝克的《伊甸之东》中，主角卡尔·特拉斯克从母亲那里借了5 000美元开办了一家豆子公司，希望通过发大财来赢得父亲的爱。狂热者仍在争论这两种豆子的优越性；相比之下，小小的平基多似乎需要一个更好的宣传代理人。

除了矿工和士兵，最有名的吃豆子的人还有伐木工和那些在森林深处旅行的人。在1906年出版的《美国农业部公报》中，玛丽·欣曼·亚伯完美地阐述了这一点：

> 一种普遍的观点认为，豆类显然适合过着积极的户外生活的健壮人群，它们是士兵的装备，在伐木营地中也必不可少，受到猎人和伐木工的欢迎，它们是努力工作的穷人不可或缺的食物；另一方面，豆类不适合久坐不动的人，病人和康复者也应该避免食用。

作者甚至描述了一种在隆冬时节运输豆子的高明方法。

在新英格兰，当一个伐木工人离开时，他会带上一只碗，里面装着煮熟后被冷冻的豆子。碗里有一根延伸到外面的绳子，这样他就可以把豆子拉出来，放进锅里解冻。

并不是每个人都热衷于这种富含豆类的饮食，对伐木工人来说也是如此。奥托·卡克在一本声称是关于天然食品的书中警告称，久坐不动的人每周食用豆类不应超过两次以上，而且只能与绿叶蔬菜一起少量食用。对于强壮的人来说，“在伐木营地和采矿营地，几乎每天都要供应豆子，而且常常和猪肉一起食用，工人们因此容易患痛风和风湿病”。在所有这些情况下，豆类都是适合户外辛勤劳作的男性的食物，但有一群完全不同的人也会与豆类联系在一起——移民。

移　民

从19世纪晚期到1932年首次设定配额之前，美国前所未有地接收了大量来自南欧和东欧的移民，特别是那些尚未实现工业化、人口众多、生活越来越不稳定的地区。这些挤作一团的可怜人自然带来了他们自己的饮食方式，在许多情况下，这些食物都以廉价实惠的豆类菜肴为特色。来自意大利南部的人带来了意大利面豆汤，来自波兰和俄罗斯的犹太人带来了霍伦特，斯堪的纳维亚人则带来了他们的豌豆汤。虽然第一代移民试图尽可能地保持他们的饮食习惯，但他们的孩子往往受到了同化的压力。一些群体比其他群体更抵制这种做法，在某些情况下，“民族”食品成为主流——比如意大利面、百吉饼等等。但总的来说，旧大陆的饮食习惯已经变得面目全非甚至彻底消失，或者仅仅是为了某些节日而保留下来。当时的营养科学也参与了这种同化。正如哈维·莱文斯坦所指出的那样，人们被告知“欧洲经济烹饪的精髓在于：意大利的汤和意大利面，以及东欧的罗宋汤，霍伦特则是不经济的食物，因为它是多种食材的混合，需要消耗更多的能量才能消化”。同样遭到嘲笑的，还有那些味道浓烈的调味品，尤其是大蒜。

特别有趣的是，到了20世纪末，这些被同化的第二代移民的孩子试图找回失去的东西，这将解释为什么在本世纪晚些时候人们对豆制品的兴趣会被唤醒。对于他们来说，食物是他们与祖先最切实的联系之一，随着老社区的解体，人们分散在全国各地并跨种族通婚，这些文化遗产正在慢慢丢失，找回过去的食物变得尤为重要。下文记录了一些对豆类菜肴的讨论，因为它们是在移民群体中存在的，或者是由后世重现的。虽然这些菜式中有许多已经随着时间的推移发生了变化，并加入了新的食材，但它们让人看到了菜豆惊人的应用方式。

在这些欧洲移民中，许多民族带来了自己的烹饪传统和烹饪豆子的独特方法，有些方法如今已经消失了。具有讽刺意味的是，其中许多人将豆子重新引入美国，或者仅仅用菜豆代替家中常见的豆子。下面这道传统豆汤来自匈牙利：

匈牙利豆汤

取一些小的白色海军豆浸泡一夜。然后加入烟熏过的猪肘子、猪蹄或火腿在水里慢慢煮开，直到豆子变软。尝一下汤，如果太咸就加一些清水。加入切碎的洋葱、防风草、胡萝卜、韭葱和大蒜继续煮。蔬菜彻底煮熟后，将骨头上的肉去掉，切碎后再放回汤里。再用一勺猪油、一勺面粉和一勺匈牙利辣椒粉做成面粉糊。将其与一杯酸奶油混合，加入汤中，轻轻搅拌并重新加热后上桌。或者，如果你不吃猪油，也可以用富含辣椒粉的酸奶油替代。

另一个抵达美国的欧洲族群是胡特尔人，他们人数不多，但历史悠久。还有一种外观可爱、呈淡白绿色的古老豆子品种，名为“胡特尔豆”（Hutterite bean），它的种脐周围围绕着一种像眼睛一样的图案，经常被用来做汤。胡特尔豆是在19世纪70年代胡特尔人从俄罗斯流亡到美国后传入的，现在仍然被蒙大拿州的胡特尔人种植，并越过了加拿大边境萨斯喀彻温省。胡特尔人本身就是德国再洗礼派雅各布·胡特尔的追随者，后者在16世纪拥护和平主义和集体生活。他们勤劳的社区是围绕着“兄弟会”而形成的，在那里，财产是仿效使徒的共同财产，烹饪则在公共厨房里完成。受迫害之后，他们从摩拉维亚搬到了俄罗斯，又从那里搬到了美国，他们的烹饪因此融合了德国和俄罗斯的传统。

就宗教身份而言，阿米什人或宾夕法尼亚州的荷兰人与胡特尔人之间存在关联，尽管他们从德国来到美国的时间要早得多。他们也有一套种植豆子的独特传统方法。有一种独特的阿米什豆汤，也叫传道汤，用的是火腿骨、土豆、芹菜和胡萝卜。阿米什人会种植一种特殊的豆类，名叫“侏儒豆”（gnuddlebuhn）——粗略的译名是“粪豆”，因为它的四边形末端使它看起来就像兔子的粪便。他们还种植奇怪的椒盐脆饼豆，它绿色的豆荚像椒盐脆饼一样卷曲。

东欧有许多传统的豆类食谱。在塞尔维亚，有一道叫“普拉那”（prebanac）的烤豆菜和一道叫pasulj的汤，其中包括西红柿、胡萝卜和用牛骨炖的香肠，有时还配上饺子一起吃。在里雅斯特的北部，现在是意大利和邻国斯洛文尼亚的一部分，有一道用培根调味的豆子泡菜汤，叫作la jota，也可以用腌萝卜来做。此外，我们已经讨论过由德系犹太人带来的牛肉制成的霍伦特。

Bruna bönor是瑞典的一道棕色豆类菜肴，用的是一种独特的肉质菜豆，这种菜豆源自欧洲，后来又被重新引入美洲。这道菜在有许多斯堪的纳维亚人定居的美国中西部地区很受欢迎。它的烹饪方法和其他豆子很像，仅仅用红糖、醋、肉桂和肉豆蔻调味，所以非常甜。更常见的大北方豆也可以用在这道菜中，事实上，大北方豆已经成为美国最重要的豆子之一。

在移民潮结束不久后出版的所有旨在保留旧大陆传统的民族烹饪书中，没有哪本比1949年《珍惜亚美尼亚食谱》更能雄辩地谈论食物保留身份的能力。在这种特殊情况下，一个民族的生存确实受到了威胁。

> 我们收集和出版这些亚美尼亚食谱有两个目的。我们的主要希望是延续和尊重亚美尼亚的古老习俗，并将它们传递给这个国家正在成长的年轻一代亚美尼亚人……一个经历了二十五个世纪动荡的民族不会放弃尝试。我们希望年轻的亚美尼亚人能掌握这些食谱，……将它一代代传承下去。

合适的豆类食谱有很多，包括用番茄酱慢炖干豆子、胡萝卜、青椒、芹菜、大蒜、西洋香菜叶和小茴香制成的豆瓣酱。

在所有移民群体中，拉丁美洲文化自然最广泛地利用了来自美洲的豆子。事实上，这些人与豆类饮食的关系十分密切，以至于对墨西哥人来说，贬损性的辱骂是“豆子”（frijolero）或“食豆佬”（beaner）。不过，从技术上讲，很多墨西哥裔美国人并没有移民美国。相反，他们居住的地方是西班牙殖民地（1821年后成为独立的墨西哥），后来被美国强行吞并。这些人中的许多人是美洲土著人后裔，仅仅在几个世纪前才被西班牙人吞并。另一方面，许多拥有墨西哥血统的人也移民到美国西南部地区，例如得克萨斯州和加利福尼亚州。

如果说美国的墨西哥人失去了他们的本土美食，那也不准确。相反，它被美国主流文化同化，并被改造成符合英裔美国人的口味。许多人理所当然地认为，得州菜本身应该被视为一种特色美食，是历史发展的记录，而不是一种堕落。墨西哥辣肉酱是属于这一传统的发明之一，正如纯粹主义者坚持的那样，“辣椒中没有豆子”。但在这样的背景下，面对移民带来的改变，正宗的墨西哥食物确实成了一个事关文化自豪感的问题，并与传统的墨西哥音乐和舞蹈一起将社区团结起来。重炸豆泥（re-fried beans）到底是属于新潮还是正宗的传统尚有争议，但在墨西哥裔美国人当中，这是最典型的享用豆子的方式。“重炸”这个名字其实不太恰当，因为豆子实际上只炸过一次。从字面上说，它的西班牙语名字 frijoles refritos 的意思就是油炸。这道菜可以和墨西哥玉米饼一起吃，用来填充卷饼或者作为配菜。它也可以和玉米饼、莎莎酱、奶酪和熟肉一起逐层放在砂锅里，这种吃法显然是美国人的创作。

重炸豆泥

把一锅黑白斑豆（pinto beans）煮开（pinto 意为有颜

色的，就像马身上有褐色和白色的斑点一样），煮五分钟后沥干水分。把豆子放回锅里，加入清水、切碎的洋葱和大蒜、辣椒粉、孜然和牛至，如果你喜欢的话，还可以加入一些浸泡后切碎的红辣椒，或者罐装的墨西哥辣椒酱，慢煮大约两个小时直到变软。加入盐调味，继续煮至浓稠，盛出部分豆子。接下来，用猪油煎一棵切碎的洋葱，煎出焦褐色后加入剩下的冷豆子，在铸铁锅里轻轻煎一小会儿后，用一把结实的叉子将其捣烂，如果有必要的话，再加点水或鸡汤。

豆类在美国的其他拉美群体中也同样重要。通常，每个群体都会使用其原籍国偏爱的豆类品种。在东海岸的西班牙裔群体中，即使是“豆子”这个词也能将不同的社群区分出来。在历史悠久的波多黎各人中，一种豆子被新波多黎各人称为habichuela。在新近到达的多米尼加人中，它是frijol。在古巴人当中，黑豆则排在第一位。有一家名为戈雅的公司，专门迎合这些群体的特定烹饪传统，提供大量罐装豆类，或许称得上是美国菜豆品种的最佳来源。在美国庞大的古巴社群中，有几道菜里使用了豆类，比如Moros y Christianos，即米饭和黑豆。然而，最受欢迎的菜是古巴黑豆汤（Cuban black bean soup），它有很多不同的口味。

古巴黑豆汤

将黑豆浸泡一夜，倒掉水。用橄榄油煎制洋葱、大蒜、青椒，加月桂叶和孜然。放入黑豆和一大块火腿，加水没过食材。炖煮一个小时左右，直到变软。取出火腿，切丁，再放回汤中。加入盐和胡椒调味，并把豆子捣碎做成浓汤。最后再加一两杯雪利酒或醋。所有食材倒在一堆白米饭上，再配上切碎的鸡蛋、生洋葱和香菜末。

另一个从1571年被西班牙征服以来就与西班牙联系在一起的国家是菲律宾。自1898年以及美西战争以来，美国一直是菲律宾庞大的移民群体的目的地。他们的饮食文化完美融合了亚洲、西班牙和美国的传统。菲律宾特色食物哈啰哈啰（halo-halo）来自塔加路语，意思是混合。这种用大玻璃杯装着的甜品可以与各种各样的原料混合在一起，通常包括刨冰、炼乳、糖、煮熟的甜豆子、热带水果和椰子的混合物，以及甜芭蕉、山药或木薯，上面往往放着冰淇淋或布丁。在菲律宾社区的商店里，可以买到预先混合好的罐装哈啰哈啰配料，而品尝这种美味是重新连接传统和家园的一种独特方式。

虽然美国的巴西社群的数量比例很小，但他们对祖国的豆类菜肴充满热情，黑豆餐（feijoada）称得上是所有豆类菜肴中最神圣的一道。它经常出现在家庭聚会上，生动地提醒人们不要忘记他们的祖国。传统上，人们会在中午同凯匹林纳鸡尾酒（caipirinha，一种由巴西朗姆酒、酸橙汁和糖组成的饮料）一起享用，然后小睡片刻。理想情况下，黑豆餐的制作需要使用整头猪，包括猪耳朵、猪鼻子和猪尾巴。据说，它起源于使用最便宜的肉块的非洲奴隶，但显然它也是葡萄牙、美洲原住民和非洲元素的混合物。在葡萄牙和前葡萄牙殖民地安哥拉，也有用红豆或白豆制作的版本。

巴西黑豆餐

首先将黑豆浸泡一夜。第二天，用煎锅把各种各样的猪肉煎成棕色，最好是加入巴西香肠、牛肉干和排骨，用熏火腿或任何熏香肠都可以。喜欢尝试的人可以添加猪蹄和猪身上的其他任何部分。把肉放在一边，往一些剩余的棕色肥肉中加入切碎的洋葱和大蒜。将所有的材料放到一起炖大约两个小时直到豆子变软。在烹饪过程中注意控制盐的用量，要与你用的肉相匹配。如果你喜欢的话，可以在最后加一点醋和辣酱，并配上几片橙子、米饭、炒芥菜和奶油树薯粉（用来给饭调味，可以撒在炖肉上，也可以作为配菜）。

20世纪中叶

可以理解的是，在经济萧条时期，由于肉类变得昂贵，家庭不得不寻找廉价的固体营养食品替代来源，从而迫使豆类成为人们关注的焦点。这并不是说这件事完成得很顺利。也正是在这样的历史时期，豆类的耻辱感更加严重，它们与下层阶级或工人阶级的联系变得更加紧密。这种豆类与工人阶级文化的联系，在弗兰克·洛瑟写的一首歌曲中得到了完美的诠释(《红男绿女》)。在这首歌中，一个自称“打工女郎”的人哀叹自己是一个“疲倦沉闷的苦工”，每天要花几个小时在便宜的“廉价餐馆”中向顾客分发豆子：

> 豆子，豆子，又上又下。豆子，再配上波士顿棕面包。棉豆、菜豆、牛油豆和大豆……但是，啊，我的朋友们，啊，我的敌人们，你们不知道从提篮里举起一个勺子意味着什么。把它们捞上来，再放进盘子里，让全世界的人都来吃——任何凡人都无法忍受。这种黏糊糊、讨人厌的绿色蔬菜叫豆子、豆子、豆子。

她梦想着嫁给一个百万富翁或成为好莱坞明星，过上更好的生活，却被困在“那些嘟嘟、嘟嘟、吼叫、射击、被称为豆子的讨厌的小恶魔中。豆子！豆子！”里。这首歌本应出现在1938年的电影《盗走天堂》中，但也许人们能理解为什么它最终只出现在剪辑室的地板上。

更美好的命运等待着霍奇·卡迈克尔写的这首歌，1939年，埃塞尔·沃特斯的一张唱片使这首歌成为永恒的经典。它讲述了一个人在大萧条中坚韧不拔，通过经济保障获得救赎，并能够“赶上别人”的故事。具有讽刺意味的是，保障意味着能够吃豆子，这可比什么都不吃要好得多。

> 面包和肉汁，很多面包和肉汁，

豆子和培根，很多豆子和培根，
不再裁员，不再烦恼
我得到了一整天的回报
总是有很多面包和肉汁。
和平与安静，非常和平与安静，
朋友和金钱，很多朋友和金钱
不再漫无边际，不再赌博，不再手忙脚乱
总是和邻居攀比。

所有关于豆子的曲调中，最受欢迎的一定是摇滚乐大师路易斯·乔丹的《豆子和玉米面包》。这是整个美国南方地区的传统组合，玉米面包的碎屑通常会撒在炖豆子上面。有人认为这首歌可能是对种族关系的评论。在这首歌里，豆子和玉米面包打了起来，前者想一劳永逸地解决这个问题，嘲笑说："明晚在街角等我。"后者说："我准备好了。"最后，它们决定真正更好地合作，但并非没有公开的威胁。"你对我的看法没有什么不同，但我对你的看法却有很大的不同。"在它们脆弱的和平中，合唱团一致同意它们应该在一起，像猪肠和土豆、草莓和酥饼、咸牛肉和卷心菜、肝和洋葱、红豆子和大米、百吉饼和熏鲑鱼、酸奶和饼干——所有经典的组合一样，它们没有对方真的行不通。

没有哪首诗比格温多琳·布鲁克斯*1960年首次发表的

* 第一位获得普利策文学奖的非裔美国诗人。——译注

《食豆者》更能反映豆类与贫困的联系。在这首诗中，一对老夫妻在他们租来的后屋中回顾美好的日子。“他们主要吃豆子，这对胆怯的老夫妻。”这首诗安静而悲伤，人物“俯身依靠豆子”的画面被完美地描绘出来，就像几个世纪前卡拉奇画中吃豆的人一样。也许没有什么食物能比一碗不起眼的豆子更好地描述社会地位了。

尽管如此，豆子的地位也有所提高；它们甚至是美国政府中一个神圣的固定项目。美国国会有一个悠久的传统，那就是威严的参议员每天都可以喝到普通的豆汤。它的出现已成为传说，许多立法者因这道菜的创举而受到赞扬。1903年至1911年担任众议院议长的约瑟夫·G. 坎农的主张最富戏剧性。有一天，他在浏览菜单后抗议道：“我已经做好了喝豆汤的准备！从现在起，无论是炎热还是寒冷，雨雪还是晴天，我希望它每天都出现在菜单上。”厨师们很乐意满足这样的要求。显然，从那以后，国会大厦的11个餐厅每天都供应这道菜。20世纪60年代来自伊利诺伊州的共和党参议员埃弗雷特·德克森对此展开了一番雄辩，理由如下：

> 许多年前，一位非常威严、略显好斗的参议员到参议院餐厅点了一份豆汤，却发现菜单上没有这道菜。参议院要求马上处理餐厅厨师的这种失职行为。因此，参议员立即提出了一项决议，大意是从今以后在参议院开会和餐厅营业的

> 时候，菜单上一定会有豆汤。卑微的小豆子应该永远受到尊敬，这已经成为一种不可违背的习俗和光荣的传统。美味紧实的小豆子有很多可以说的——任何一种豆子都是如此，不管是菜豆、海军豆、四季豆、扁豆、肯塔基豆、辣豆、烘豆、黑白斑豆、墨西哥豆，还是任何其他种类的豆子。它们不仅营养丰富，此外，还富含被称为蛋白质的营养物质，从而为吃豆者提供能量和活力。而那些得在参议院发表长篇演讲的参议员尤其需要这种持久的能量。我敢说，那些马拉松式的参议院演说者可以追溯到著名的"首领"时代，路易斯安那州参议员休伊·皮尔斯·朗，以及法医艺术领域的现代马拉松运动员，如南卡罗来纳州参议员斯特罗姆·瑟蒙德和俄勒冈州参议员韦恩·莫尔斯，这两个人都讲了二十多个小时的话，却并没有表现出什么不良影响，他们都赞成小小的豆子与这场滔滔不绝的持续演说有很大关系。

据推测，这位参议员自己也有一些理由来证明自己冗长的言论。但问题是，为什么所有的餐厅中都有豆汤呢？豆子确实又小又不起眼，它们传递出的正是这些民粹主义政客想要表达的朴实信息。"如果它们对我的选民足够好，它们对我也足够好。"这在很大程度上是比尔·克林顿在总统竞选中采取的策略，即重点强调自己卑微的出身。虽然他出了名地爱吃炸薯条，但在他的回忆录中，他却专门提到了一家名为"麦克莱德"的餐厅，并说："毫无疑问，它家的烧烤豆是全国最好的。"奇怪的是，在早些时候的一次竞选活动中，一则电视广告打出了这样的广告语："如果你厌倦了吃豆子和蔬菜，忘记了猪肉和牛排意味着什么，那么你应该听听这个男人说的话……比尔·克林顿准备好了，他也受够了。他很像我，也很像你。"一切都取决于语境。当你对一个必须吃豆子的农村观众演讲时，你会承诺能吃上牛排；当你想让其他人知道你是普通人时，你要让他们知道你在吃豆子。无论是哪种情况，豆类与大众和贫困之间的联系都显而易见。

在罗素·贝克的绝妙食谱里，这一点也体现得很清楚。1975年，美食家克雷格·克莱伯恩提出要举办一场价值4 000美元的传奇晚宴。作为反驳，贝克发明了这道豆类菜肴，他声称在1937年时，这道菜的烹饪手法就已经十分完善了。

> 想要做这道菜，首先要把平底锅放在旺火上，加热至非常非常高的温度。将一罐亨氏猪肉和豆子倒进锅里，使其焦化，直至达到硬化混凝土的稠度。将三条培根炸至酥脆，当豆子在锅里形成致密的巨大凝固块时，倒入培根油脂，并用一个大螺丝刀使劲搅拌。这不仅增加了菜的风味，还能使一些豆子从锅的一侧松下来。把锅从火焰上取下，拌入在冰箱里放了三天的意大利面酱，加入一点辣椒粉、一大块格雷少校酸辣酱和一汤匙小苏打，从而提升整道菜的味道。带培根油脂的豆子总是被站在厨房水槽边的人用大汤匙从锅里挖出来吃掉。这口锅必须立即扔掉。

但是，即使是这个完善的配方，也比不上20世纪60年代密歇根州豆类委员会出于创造性的绝望提出的反常食谱。该食谱因疯狂地使用豆类而获得豆类反常食谱大赛的亚军：

豆子软糖

4杯密歇根糖
$1\,^{1}/_{4}$罐牛奶（部分罐装）
$^{1}/_{2}$杯可可
$^{1}/_{2}$杯卡罗糖浆
$^{1}/_{4}$茶匙盐
$^{1}/_{2}$杯豆泥

煮至235度，加入半杯黄油。冷却至110度后加入1杯花生酱，1茶匙香草。搅拌至奶油状。倒入大块黄油。冷却后切成正方形。

反常食谱大赛的第一名是爱达荷州豆类委员会。在20世纪70年代，伯克利合作公司一本正经地向客户分发这款产品。这种食物足以成为你在圣诞节送给敌人的礼物。

黑白斑豆水果蛋糕

2杯煮熟的黑白斑豆
$^{1}/_{2}$茶匙盐
$^{1}/_{4}$杯煮豆子的水
1茶匙肉桂
$^{1}/_{2}$杯黄油或人造黄油
$^{1}/_{2}$茶匙多香果粉
1杯糖
$^{1}/_{2}$茶匙甜胡椒
2茶匙香草
$^{1}/_{2}$茶匙肉豆蔻
1个完整的鸡蛋
2杯切碎去皮的苹果
1杯筛过的通用面粉
1杯无籽葡萄干
1茶匙苏打粉
$^{1}/_{2}$杯核桃或山核桃碎

用土豆捣碎机或电动搅拌机将豆子彻底捣碎。搅打黄油并慢慢加糖，打到蓬松为止。加入香草和整个鸡蛋，打匀后加入豆泥并充分拌匀。面粉、苏打粉、盐和香料混合过筛。加入一半面粉到糊中搅拌均匀。将勺子放入抹满黄油的9英寸管状蛋糕锅中。用350度的高温烘烤一小时。如果你喜欢的话，可以配上味道浓郁的酱汁，即使不加酱汁也很美味。

尽管公布了这样的食谱，但美国人依然并不是很爱吃豆子，这在很大程度上是由于肉类在饮食中的核心地位。在大多数文化中，豆类都不会处在边缘位置，而是位于主食旁边的核心位置。美国人则认为豆子是配菜；也就是说，是一种很容易被丢弃的东西，可以被玉米、意大利面或其他东西取代。此外，豆类还会持续带来耻辱感。海伦·布莱克把这一点很好地记录在了虚构的食物日记中，发表在《伯克利合作食品手册》上。回想起1954年，她写道："豆子价格实惠，地位却很低。我不应该在上次的宴会中提供它们。那些制造麻烦的人愤怒地大声喊叫，不管多么美味，他们都觉得被廉价食品冒犯了。"直到20世纪70年代，作者仍在努力推广豆类，尽管面临着持续不断的抗议。

不过，美国确实种植了很多豆类，其中大部分是大豆，但也有可供食用的干豆子。美国农业部报告称，在生产干豆子的国家中，美国排名第六，仅次于巴西、印度、中国、缅甸和墨西哥。从2001年到2003年，美国人均食用6.8磅干豆子，比十年前减少了11%。根据“豆类教育和意识网络联盟”的数据，截至2004年，美国主要种植豆类的州位于中西部地区，其中北达科他州明显领先，种植面积达47.5万英亩（包括黑眼豆、棉豆、鹰嘴豆，但没有大豆，它的产量远远超过其他所有豆类品种）。其次是密歇根州，种植了18.5万英亩，内布拉斯加州和明尼苏达州紧随其后，分别为11万英亩和10万英亩。爱达荷州、科罗拉多州和加利福尼亚州次之，华盛顿州、怀俄明州和得克萨斯州则相对较少。其中主要种植的是菜豆、红腰豆、海军豆、美国白豆、黑豆、黑白斑豆或红莓豆。如果美国人没有大量食用豆类的习惯，我们只能假设种植这些豆子是为了出口。

回到菜豆

在所有奇怪的命运转折中，粗俗的豆子，或者至少是某些品种的豆子，在20世纪晚期的美食界找到了一席之地。这在一定程度上是慢食运动思想影响的结果，它试图拯救受到威胁的传统食品，也是对曾经被视为家常便饭、需要很长时间烹饪的食品的价值化。豆子完全符合这些要求。

也许最能体现传统的菜豆品种是来自美国西南部的阿那萨齐豆（Anasazi bean），以现代印第安人对祖先的称呼来命名。如今，它种植在亚利桑那州的梅萨沃德印第安遗址等著名的古悬崖民居周围。20世纪80年代（一些说法是20世纪50年代）时，来自加州大学洛杉矶分校的考古队在这一地区发现了一个用松脂密封的陶罐，里面有一种红白相间的豆子，根据碳元素测定，其历史可以追溯到公元前500年左右。值得注意的是，这些豆子中有部分发芽了，故事由此开始，一些大胆的商人决定把阿那萨齐豆推向市场。最初，它被称为新墨西哥洞穴豆，后来被Adobe Mills公司以"阿那萨齐豆"的名称正式注册。考虑到豆类在最多50年后就失去了发芽的能力，而且这些豆子很可能真的来自该地区的农民，这个故事引起了很大的轰动。对于那些希望体验古老的阿那萨齐菜肴的正宗风味或者传说的消费者而言，阿那萨齐豆完全是理想的产品，对美国印第安文化爱好者来说也是如此。

抛开营销手段不谈，阿那萨齐人的后裔霍皮人仍然会在日常饮食中使用豆类，他们的宗教信仰中也有豆类的身影。年轻男孩的启蒙仪式"波瓦穆亚舞"（又名"豆舞"）会在2月份举行。在这期间，男孩们聚集在举办仪式的地下礼堂中，在他们看来，地下室是从地球的肚脐里产生的。村子里的男人打扮成卡奇那神灵，成为人类灵魂的化身；在仪式上，这些男人吓唬并鞭打孩子们，然后把在地下礼堂里种植的发芽的豆子作为礼物送给他们，并教导他们履行社群成员的职责。这个仪式确保了豆子的丰收和年轻人的茁壮成长。由于该仪式不是什么旅游表演项目，因此不会邀请外来人员。

我们已经读过人文主义者瓦莱里亚诺介绍的拉蒙豆的故事。如今，这种豆子在意大利北部的菜肴中受到尊崇，尤其是在意大利的面食中。它也可以和卷心菜一起煮汤，搭配土豆拌成一道叫pendolon的菜，还可以和猪肉一起炖煮。自1993年以来，甚至还有保护拉蒙豆的团体出现，每年9月都会在贝卢诺举行一次节日。欧盟已经授予了这种豆子及其四种不同品种（spagnolet、spagnol、calonega和canalino）IGP认证（地理标志保护），从而可以在市场营销中从法律上保护这些品种。人们可以把这一切解释为一种营销策略，但它实际上也是一种美食现象。对于那些认为现代全球食品体系存在缺陷的人来说，本地种植的一种普通豆子就能让人们与地方和社群联系起来，使他们对此感到自豪。

产于托斯卡纳的索拉纳豆（sorana bean）也是如此。这种如乳白色珠宝般的豆子也拥有一个节日和IGP认证。在佛罗伦萨北部的山顶小镇索拉纳附近，沿着佩西亚河的沙质河岸就种植着这种豆子。这里气候潮湿温和，还有被称为“小瑞士”的山丘。这里出产的豆子煮熟后种皮几乎消失，质地坚实而细腻。关于这种豆子的介绍中并没有什么丰富多彩的故事，但它一直深受人们喜爱。据说作曲家焦阿基诺·罗西尼与他的同伴吉奥瓦尼·帕西尼曾达成一项协议，为了换取这种珍贵的豆子，罗西尼会帮帕西尼修改总谱。索拉纳豆的节日在每年9月，是当地重要的观光项目，与拉蒙豆的节日一样，该节日也旨在强调索拉纳豆的历史和传统用途。

另一种来自新大陆的佐尔菲诺豆（zolfino bean）呈现硫黄般的黄色，成功吸引了人们的注意——zolfo一词的意思就是硫黄。它生长在佛罗伦萨和阿雷佐之间的普拉托马尼奥地区，沿着瓦尔德阿诺河谷生长，被认为是当地含油量最高的一种豆子，质地致密光滑，种皮非常薄。因此，在农民们看来，这种豆子只是在最近几十年里才被慢食运动践行者们从濒临灭绝的物种中拯救出来。佐尔菲诺豆受“美味方舟”组织的保护，只能采用有机方法种植。或许有人认为佐尔菲诺豆极具营销价值，因为即使在托斯卡纳，也很难看到它的身影，所以佐尔菲诺豆的价格十分昂贵——更何况，它还是追求历史传统的美食家热衷的食材。

意大利人对这种豆子的迷恋很容易理解。对于当代人而言，随着社会结构的变化，经济获得了巨大发展，人们离开农村来到城市；传统的饮食方式更多的是一种怀旧，试图重新找回想象中的过去，活跃的旅游业则促使人们去寻找最本土化、最真实的文化。毫不奇怪，人们愿意花很多钱买一袋低贱的豆子，只要他们能想象出种植这些豆子的农民快乐的样子——无论是佐尔菲诺豆、拉蒙豆还是索拉纳豆，它们所遵循的传统种植方法都可以追溯到古代。当然，无论是现代的种植方法还是现代的豆子品种都不可能追溯到那么久远。

在所有这些产自托斯卡纳的豆子中，也许只有一种能真正称得上是拥有远古血统的品种，那就是仅生长在特拉西莫诺湖东南一带的豆子，离汉尼拔屠杀罗马军队的地方很近。它的祖先已经得到了证实，因为这种豆子与上文提到的其他豆子不同，它是豇豆的一个品种，属于原始的菜豆属，而不是来自新大陆的豆子品种。

法国也有受人尊敬的菜豆品种。塔巴菜豆被认为是制作豆焖肉最理想的食材。自1988年以来，一直有一个种植和销售这种豆子的合作协会。1992年，为了保护和推广这种受到威胁的豆子，塔巴协会（Brotherhood of the Tarbais）正式成立。2000年，塔巴菜豆被授予IGP认证，确定了它的种植地点、使用何种肥料和杀虫剂，并对它的名称进行了法律保护。

在法国还有其他历史悠久的豆子，都是以传统品种的名义销售。在加莱附近的山谷里也生长着一种北林戈豆（Lingot du Nord），它的广告上写着“红色标签”，是质量控制和法律地位指定的名称。据说这种豆子的皮很薄，不需要浸泡就可以食用。还有一种绿色的小四季豆（flageolet/chevrier），看起来很像我们在干四季豆中找到的小豆子，只是更加干燥。传统上，人们会用羔羊腿来配这种食材。旺代的莫合特豆（Mogette）是自1996年以来另一种受到保护的豆子，这种白色的豆子两端呈奇怪的方形。它通常与来自旺代的火腿一起食用。和其他地方一样，旺代当地也有一个“莫合特之夜”的节日来宣传这种豆子。

在未来的几十年里，人们只能期待来自世界各个角落、色彩各异的不同豆子。或许这些豆子能卖个好价钱，促使发达国家的人再次转向他们在历史上吃豆子的传统，哪怕只是一点点。这样，豆子就有可能重新长起来了。

第十章　棉豆和荷包豆：安第斯山脉

菜豆属包含55个不同的物种，除了菜豆外，其他常见的驯化种包括生长在美国西南部的尖叶菜豆、荷包豆（*Phaseolus coccineus*）以及铁皮豆（*Phaseolus coccineus* subsp. *polyanthus*）。还有一些野生物种也被用作食物，其中最重要的就是棉豆（*Phaseolus lunatus*），它的外形酷似月亮，又名利马豆。它的名字确实来自秘鲁首都利马，尽管它在英语中的发音更像“莱姆——嗯”。在豆类中，棉豆相对较大，对于那些幼年时吃过以罐装形式储藏的棉豆的人来说，它的糊状质地、苦涩的金属余味和暗绿色的记忆只能唤起呕吐反应。这实在是令人遗憾，因为当棉豆尚且新鲜的时候，它是滋味最令人感到愉悦可口的豆类之一，体积巨大，口感温和甜美，就连干棉豆的口感也相当不错。考古记录显示，大约在公元前800年，在墨西哥或危地马拉有一种叫作雪豆（sieva bean）或黄油豆（butter bean）的品种被驯化，其特点就是外形小、质地嫩。

然而，外形更大的棉豆是安第斯山脉的本地作物。在秘鲁高地的圭塔雷诺洞穴中发现的这些物种甚至在普通的豆类和玉米出现之前就已经被驯化了。这个洞穴是最受人关注的遗迹之一，因为洞穴中发现了纺织品和带红色装饰的陶器，以及新大陆最古老的栽培植物，这些植物所在的地层可以追溯到大约8 500年前，有些人说，它们甚至可能更古老。可以说，它们与旧大陆的许多蚕豆驯化遗址大致处于同一时代。

与阿兹特克帝国一样，印加帝国形成于与欧洲人第一次接触前的一个世纪。它沿着南美洲的西海岸绵延数千英里，从今天的厄瓜多尔一直延伸到秘鲁、玻利维亚、智利和阿根廷，从安第斯山脉的最高点一直延伸到平坦的海岸。这给在完全不同的海拔和纬度上耕作带来了独特的挑战，也可以解释为什么这么多的植物能适应不同的条件，以及为什么会开发复杂的梯田和灌溉系统。印加人在16世纪30年代被弗朗西斯科·皮萨罗征服，这与阿兹特克人被赫恩·科尔特斯征服的方式大致相同。征服者在接触地留下的印加农业记录表明，印加农业是一种高度组织化的国家强制分配粮食的体系，也是一种广泛使用绳结的会计体系。他们还拥有巨大的储藏中心，以防止在作物歉收的情况下出现饥荒。印加人的主食是玉米、藜麦和苋菜，以及它们对世界其他地区的主要贡献——土豆。这些品种不计其数，其中包括一种可以储藏的小型高山冻干土豆。尽管印加人确实驯化了美洲驼、鸭和豚鼠等动物作为蛋白来源，但豆子在印加饮食中同样重要，主要就是棉豆。

棉豆（在秘鲁被称为pallares）的原始烹饪方法很难重现，不过下文列出的棉豆沙拉（Ensalada de Pallares）是西班牙食材和烹饪方法与当地食材结合的一个很好的例子。时至今日，它在秘鲁仍广受欢迎。

棉豆沙拉

将干棉豆浸泡一夜，煮至变软。切碎一些青辣椒和洋葱，在新鲜的酸橙汁和盐中浸泡大约15分钟。把西红柿切碎，与洋葱混合物混合，做成莎莎酱。与沥干的豆子混合，加入一些橄榄油，轻轻搅拌，注意不要把豆子弄碎，腌制一个小时左右，让各种食材的味道充分混合。

值得一提的是生长在安第斯山脉地区的一种豆子，虽然它只是菜豆的一个普通品种，却有多种颜色。在高海拔地区，水的沸点要低得很多，煮豆子既不实用，而且燃料效率也低。取而代之的是油炸和油爆的烹饪方式，就像玉米（烤玉米，或者在美国市场上销售的玉米坚果）一样——并不完全像爆米花那样急剧爆裂，而是使食材变脆。这种豆子有坚硬的外壳，所以里面的水分会形成压力，加热时便会发生爆炸。硬壳蚕豆也可能会发生类似的情况。在安第斯山脉，这种豆子在盖丘亚语中被称为努纳斯（nuñas）。在圭塔雷诺洞穴遗址里也发现了这种豆子，据此推测，它可能是地球上最早被驯化的植物之一。

就像菜豆一样，棉豆在16世纪的某个时候被带到了欧洲，并随着去马尼拉的大帆船被带到了菲律宾。它在东南亚广泛生长，其中缅甸数量最多。它也从巴西被带到非洲，现在是非洲热带地区和马达加斯加的主要食用干豆。棉豆已经很好地适应了这些地方，所以它也被称为仰光豆（也就是缅甸的仰光）、缅甸豆和马达加斯加豆。它从未真正成为欧洲的主要食物，可能是因为那里的气候不适合它的生长。不过，它的确引起了植物学家的注意。1591年，马蒂亚斯·德莱奥·贝尔出版了一本包含精心渲染的外来植物和本土植物的图像集《植物图像》，其中收录的白色大棉豆、斑点棉豆和小雪豆都被公认为是首次描绘。在这本图册中，棉豆被称为巴西利亚菜豆（*Phaseolus Brasiliani*），从图片中巨大的膨胀豆荚来看，它描绘得相当传神。

西班牙也种植棉豆。在传统的瓦伦西亚海鲜饭中，就使用了一种叫作“加拉芬”（garrafón）的多油品种的棉豆。最初，海鲜饭由米饭和兔子、蜗牛制成，但现在它也包括贝类、四季豆和棉豆。

棉豆在北美地区茁壮成长，尤其是在北美南部。它们早在殖民时代之前就被带到这里，由印第安人种植。像其他豆类一样，它们被做成食物，在共和国成立早期，似乎是用来创造美味和甜味的首选品种。19世纪初，一本充满冒险精神、非常国际化的烹饪书问世，作者自称为普里西拉·霍姆斯潘，考虑到书的内容，这是一个奇怪的笔名选择。在1818年第二版的《通用收据簿》中，我们找到了这个有趣的食谱。其中提到的“蜘蛛锅”是一个设有内置腿的铁锅，可以放在炉膛的热煤上，而“疏浚箱”则是一个有孔的小容器，可以从里面把面粉摇出来撒在工作台表面。

味道出色的法式油焖豆子，类似于肉的味道

将棉豆煮到可以食用的时候把黄油烤成棕色，注意用盐调味，放在预先加热过的铁烤盘或蜘蛛锅上。豆子沥干水分放进锅里，炒至棕色后加入一些切碎的洋葱，继续炒一小段时间，再加入一些欧芹。当豆子看上去快要煮熟的时候，放入一点点水，从疏浚箱里摇出一些盐和黑胡椒撒在上面，然后炖几分钟。搅拌好后，把鸡蛋黄和一汤匙水搅匀，再加入等量的醋。同样地，一勺蘑菇调味酱也能大大改善它们的口感，但记得要在加入面粉的时候放。

棉豆的配方和保存方法也同样收录在玛丽·伦道夫1824年的经典著作《弗吉尼亚家庭主妇》中：

棉豆，或者糖豆

像其他所有春夏季收获的蔬菜一样，它们必须在鲜嫩

> 的时候收集起来；煮熟、沥干后加入一点黄油，然后把它们装起来。这些豆子很容易保存，等到冬天食用的时候，口感几乎和新鲜的一样好。当棉豆完全成熟，但还有点嫩的时候，选一个干燥的日子把它们收集好：拿一个干净且干燥的木桶，在桶底撒些盐，放一层豆荚放一点盐，直到装满木桶。将一块重木板放在上面，把它们压下去，尽量把桶盖紧，并放在干燥、凉爽的地方保存。使用的时候，要把豆荚洗净，放在淡水中过夜；第二天去壳后放在水里煮沸，煮熟后放入融化的黄油并盛在盘子里。菜豆也可以用这种方法保存。

根据伊丽莎·莱斯利在1840年出版的《烹饪指南》中的说法，棉豆是19世纪时的首选品种。“棉豆是所有豆子中口感最好的，应该趁嫩采摘。去壳后放入冷水中煮大约两个小时直至变软。沥干水分，加入黄油和胡椒。”凯瑟琳·E. 比彻和哈丽特·比彻·斯托（《汤姆叔叔的小屋》的作者）写了一本极受欢迎的家庭管理指南，叫作《美国妇女之家》。在关于烹饪的一节中，作者用长篇大论探讨了美国糟糕的烹饪行为，然而，当提到美国的新鲜蔬菜，特别是棉豆和其他豆类的收获时，他们还是不吝赞美。他们提到，当游客从欧洲回来后，他们首先想到的是“生的或烹饪好的多汁西红柿；脆脆的黄瓜片；营养丰富的黄色红薯；宽宽的棉豆以及其他各种豆子；诱人的甜玉米穗成堆地冒着热气；盛有用香薄荷调味的青玉米煮棉豆汤的碗冒着热气，这是印第安人送给餐桌的礼物，文明不必为之脸红”。如果有哪些段落能暗示19世纪的美国全心全意地接受了来自美洲土著人的食物，那一定就是上文提到的这段话了。就连对美国人几乎没说过什么好话、整天绷着脸的特罗洛普太太，也突然对棉豆充满了热情。“他们有各种在英国不为人知的豆子，尤其是棉豆，它的种子看起来就像法国菜豆；这种作物营养非常丰富，是最美味的蔬菜：如果它能与我们一起归化，那将是一份宝贵的收获。”

上文提到的青玉米煮棉豆汤（succotash）是美国经典的棉豆菜肴，这个词是直接从纳拉甘塞特语msikwatash和msickquatash引入英语的。它最初的确由美洲土著人烹制，有时与熊肉一起，后来又适应了英裔美国人的口味。它通常是用刚从豆荚里剥出来的绿色棉豆与玉米一起煮熟，但除此之外，还可以添加各种蔬菜，包括黄油和奶油。这种罐头在20世纪非常普遍，但它确实令人讨厌，而且可能已经引起了卡通迷们公认的达菲鸭最喜欢的咒骂：“苦难的豆煮玉米！”下文引用的这个古老食谱出自1878年出版的《旧弗吉尼亚家务指南》：

1品脱去壳棉豆

1夸脱青玉米，从玉米棒上切下

1夸脱番茄，准备好并调味，用于烘焙

把玉米和棉豆一起煮熟，沥干水分后加入一杯牛奶和一汤匙黄油，并加入适量的盐，煮沸后倒入西红柿。炖煮一个小时。上桌前撒上磨碎的薄脆饼干或棕色饼干。

经典的肯塔基杂烩汤也以棉豆为原料。传统上，这种用羊肉或羔羊肉、鸡、各种蔬菜、玉米和豆类长时间熬制而成的汤是在肯塔基州赛马会期间举行的派对上食用的，而准备这种食物的人之间也存在着激烈的竞争。

和其他豆类菜肴一样，棉豆还会出现在传统的马拉货车的餐车上，为牛仔提供季节性服务。在回顾过往时光时，《流动炊事车食谱》讲述了塞族牧场的厨师的故事："他可以做蜂蜜棉豆，并且可以扩展他的菜单，为任何数量的来访牧场主和围捕中的牛仔们提供服务。"他的招牌棉豆配牛排就是在这种背景下发明出来的。

将两杯棉豆浸泡一夜。把豆子炖到快熟了。用荷兰烤炉或大砂锅煮以下食材：

2磅圆牛排	$^1/_2$茶匙干芥末
1茶匙盐	1汤匙红糖
少许胡椒	

敲打牛排使它变嫩，切成四块后在面粉里滚一遍。按照放一层豆子再放一层牛排的顺序将砂锅中装满食材。剩下的干配料与一杯西红柿汁和1茶匙熏肉脂肪混合。把混合物

倒在豆子和肉上，最后放上一棵洋葱，烤至肉变软、豆子熟透。如果混合物太干，可以不时地往锅中加一点水。

关于棉豆的最后一个警告是：不要生吃。虽然育种家声称现代品种是安全的，但有些品种（显然是深色品种）中含有葡萄糖苷，咀嚼时会分解成氢氰酸，因此必须经过多次水煮。尽管烹饪会破坏这些毒素，但仍有人认为，长期食用棉豆会导致甲状腺肿大。还有人提出，烹饪生棉豆时会释放氰化氢气体，这会干扰生物的呼吸，尤其是鸟类。所以如果你准备烹饪新鲜的棉豆，记得让你的鹦鹉波利远离厨房。

荷包豆

荷包豆堪称菜豆中最著名的物种，于公元前2000年左右在墨西哥的高地首次被驯化，其残骸在特瓦坎谷地遗址（距今5 400—7 000年前）的一个地点被发现。野生荷包豆的考古遗迹则可以追溯到公元前7000年。这种植物因其花朵的鲜艳颜色而闻名，使人联想到胭脂虫（一种可以提取红色染料和食物添加剂的美国昆虫）。它的英文名字scarlet runner揭示了其特征，即它拥有引人注目的颜色和厚厚的种皮，而且总是在移动。即使是在豆科植物中，荷包豆也算是与众不同，因为它是多年生植物，生长在地面无冰冻的地方，其茎蔓呈顺时针缠绕，而不像普通的豆子那样。此外，当它从地表冒出来时，子叶仍然被埋在土中，因此人们看到的第一片叶子是它的真叶。未成熟的荷包豆豆荚、成熟干燥的豆子都可以食用，就连它鲜艳的花朵也可以用来做沙拉。在中美洲，人们还会食用它的块根。荷包豆也有不同的颜色，其中有一种乌黑的品种被称为“彩绘女士”，还有因其大小和淀粉质结构而被命名为“马铃薯豆”（potato bean）的品种。［不过也有其他美国物种叫这个名字，比如西印度豆薯（*Pachyrhizus tuberosus*）和一种叫马铃薯豆（*Apios americana*）的落花生。］

荷包豆最初是作为观赏植物在欧洲种植的，至今仍是如此。16世纪的某个时候，荷包豆被带到了西班牙，在那里，它们在许多传统的菜肴中几乎是不知不觉地取代了蚕豆，甚至借用了蚕豆的名字“fabes”（而不是habas，在现代西班牙语中，f改为h）。在用荷包豆制成的菜肴中，最重要的是著名的阿斯图里亚斯炖豆（fabada asturiana），它由一种巨大的白色荷包豆制成，也被形象地称作菜豆汤。传说这道菜最初也是用蚕豆做成的，在8世纪摩尔人征服西班牙向北进军时，就会吃菜豆汤。或许是由于吃得太饱让他们无法继续前进，因此该地区仍然掌握在基督徒手中。如果用这种来自新大陆的豆子制作菜豆汤，配方几乎不用做什么改变。据说，荷包豆是由西班牙国王费利佩五世1721年在格兰哈的皇宫花园中首次种植，在那里，人们逐渐有选择地培育出大小合适、颜色浅淡的品种。我们可以在网上花20美元买到一袋2.2磅重的荷包豆，除了其他必需的配料外，这道菜不算便宜，但还是值得一试。

阿斯图里亚斯炖豆

把豆子浸泡过夜。第二天早上，将豆子放在陶罐里的淡水中，加一块腌猪肉慢慢炖，直到豆子变软。在这个烹饪过程中，你可能需要多次加水。接下来，加入一棵切碎的洋葱、一些大蒜、一勺熏制的西班牙辣椒粉（红椒粉）、一小撮番红花丝，然后加入几条西班牙腌制香肠（不是新鲜的墨西哥腌制香肠）和西班牙血香肠，往这些香肠上刺几个口子，这样它们就不会爆裂。把所有东西一起煮大约一个小时，直到呈现又浓又亮的黄色。也可以加入切碎的西班牙培根（不要和它的远亲菲律宾培根混淆）。此外，应该摇动整罐汤，而不是搅拌，以防止将豆子搅碎。上桌时，注意把豆子舀到碗里，每种香肠也都放上几片。

在西班牙语中有很多关于新大陆豆子的词，比如四季豆（alubia）、菜豆（frijole）和神秘的朱迪奥斯（judíos），通常是指包括荷包豆在内的菜豆属物种。朱迪奥斯这个名字似乎暗示着它们与朱迪奥或朱迪亚（Judios/Judia）之间存在某种联系，意思是犹太人，但人们并没有找到相关的历史证据，而且这也可能是一个错误的词源。这个词在中世纪被使用，指的是一个来自旧大陆的物种，可能是单词habicheula或favichuela的变体，意思是小蚕豆。大约在1100年，在莫扎拉布的著作《生活在摩尔人统治下的基督教徒》中出现了judihula这个词，它是fushuela（意思是菜豆）的变体，judía一词似乎由此而来。也就是说，它一直代表菜豆。

荷包豆在荷兰的园丁中很受欢迎，因此又叫荷兰菜豆。它在法国被称为四季豆，在德国则被称为火豆，但在英格兰凉爽潮湿的气候下生长得最好。荷包豆是由约翰·特拉普兰（父子同名，都是查理一世的园丁）带到英国的。1633年，这种豆子被种植在兰贝斯的家庭花园里，也就是人们所熟知的“方舟”，它也是英国第一座向公众开放的博物馆，收藏了来自世界各地的珍品。特拉普兰两父子都被埋葬在兰贝斯附近的圣玛丽教会，现在这里是一座园艺历史博物馆。作为一种观赏植物，荷包豆在英国特别受欢迎。据说它最初是在18世纪由农业作家、切尔西物理园园长菲利普·米勒第一次作为食物推广起来，他称这一物种为菜豆（*Phaseolus Indicus*, *fiore coccineo*, *seu punico*），但他也注意到，它已经“因为其非常漂亮的红色花朵在英国的花园中普遍种植”。此外，“它会在城市中茁壮成长，海运煤的烟雾对这种植物的危害比其他大多数植物都要小，因此它经常被种植在阳台上。而且，无论是用棍子还是用绳子支撑，它都能长得很高，开出很美的花朵”。时至今日，荷包豆在英国仍以鲜花和美食的形式广受欢迎。

1812年，托马斯·杰斐逊种植了荷包豆，并指出“白色、深红色、猩红色、紫色的乔木豆……生长在花园的漫漫长路上”。但这种植物从未真正作为食物在美国流行起来，无论是在绿色蔬菜还是干豆中都很难找到。

最著名的荷包豆品种是在希腊发现的，是一种叫作绿豌豆巨人或卡斯托利亚大象的巨大变种（又叫大象豆，因为它很宽）。自2003年以来，该品种被欧盟授予了保护地位。它生长在位于阿利阿克莫纳斯河和卡斯托利亚湖北岸的卡斯托利亚地区，这里夏天非常凉爽，适合繁衍生息。附近的拉科马塔每年都会举办集市，同时弗洛里纳每年冬天也会举办节日，纪念用这种豆子做的汤（不过也可以和其他豆子一起做）和圣尼古拉斯，因为他用这种豆子喂饱了穷人。在希腊，有一道名叫fasolátha的豆汤非常受欢迎，以至于有句俗语叫“*Fasolátha pou trefi tin Ellada*”，意思是整个希腊都是靠豆汤养大的。

豆　汤

把豆子浸泡过夜，沥干水分后放到一口加水的带盖锅中，煮沸后再用滤器沥干水分待用。将切碎的洋葱、胡萝卜和芹菜放入锅中炒香至褐色。加入一两瓣大蒜、少许切碎的百里香和牛至，以及浸泡过的豆子，然后加水没过豆子。煮沸后，调至小火，慢慢炖到豆子变软。加入切碎的西红柿和盐，接着慢慢炖。准备上桌时，把汤盛入碗中，用切碎的欧芹、新磨好的胡椒粉和少许橄榄油装饰。也可以挤入柠檬汁来增加味道。

菜豆属中最不为人知的成员是铁皮豆。人们在考古遗址中根本找不到这种植物，由于它与野生物种非常相似，所以推测它被驯化的时间并不长。在墨西哥，它被称为botil（尽管同样的名字也被用于称呼荷包豆）；在危地马拉，它在不同地区有不同的名字，如piloya、dzich或piligu；在哥伦比亚，它被称为petaco、cache或matatpa。近几十年来，它一直被边缘化，因为人们认为它不如价格更高的菜豆，而且随着咖啡种植园面积和畜牧业需求的激增，种植这种豆子的人已经越来越少。

第十一章　尖叶菜豆：美洲本土种

尖叶菜豆（*Phaseolus acutifolius*）是世界上体形最小、最坚硬的豆子之一。尖叶菜豆既有白色的也有棕色的，但在20世纪初，至少有46种不同的颜色。它需要长时间的烹饪，味道特别甜，具有坚果般的滋味。这种植物能够忍受甚至更喜欢干旱的沙漠环境，而不是常规的灌溉，因此特别适合生长在美国西南部。和它们的野生祖先一样，尖叶菜豆只有在下雨的时候才能种植。然后它们就会在酷热中茁壮成长，迅速地长出根，并产生种子，而这些种子又能存活到下一场沙漠降雨来临时。这也解释了为什么它的体形微小。在大多数豆类生长和成熟时，它却会在高温下枯萎。尖叶菜豆能够迅速吸收水分并以最快的速度繁殖，就像兵豆和东印度的乌头叶豇豆等其他小豆子一样。从大小上看，更大的豆子自然更依赖人类和灌溉来生存；尖叶菜豆是一种适合沙漠的豆子。

由于尖叶菜豆的野外分布范围从美国西南部地区一直延伸到中美洲，因此它的野生起源一直存在争议。从墨西哥普埃布拉的考古遗迹来看，它的起源可以追溯到5 000年前，但人们不知道它最早是在哪里被驯化的。有人肯定地认为是在美国西南部地区，也许是独立驯化的结果，因为在那里仍然可以找到野生品种。至少，那里存在的所谓“陆地品种”已经适应了几乎没有其他豆子能生存的环境。

值得注意的是，就像豆子适应了这种环境一样，那里的人们也适应了与豆子的共生。也就是说，几千年来，他们的身体已经适应并能有效利用以尖叶菜豆为基础的低脂高纤维饮食。一些科学家认为，当地人还进化出了有效储存脂肪的能力，作为抵御淡季的一种保障。食用诸如牧豆树、仙人掌芽、刺梨仙人掌（巨型仙人掌）和尖叶菜豆等植物也能提供可溶性纤维，形成凝胶，以减缓消化并防止血糖水平的波动，进而延迟饥饿感的出现。也就是说，当地人的饮食非常适合沙漠中的生活和不可预测的食物供应方式。

有一个部落的人特别依赖这种豆子，以前被称为巴巴哥人（Papago），意思是“豆人”，来自单词豆子（papah）和人（ootam）。考虑到旧名字的贬义，从1986年起，该部落合法地将自己的名字更改为托赫诺奥哈姆族（Tohono O’odham）*，意思是沙漠人。尽管如此，这些人确实与尖叶菜豆之间存在着极为重要的历史联系；但这个名字本身来自印第安语单词

---

* 人口总数约2万人，主要分布在美国亚利桑那州索诺兰沙漠的东南部，其部落领地土地面积达11 534平方公里，是美国第三大印第安人保留区。——译注

T'Pawi。关于这个名字的起源有很多故事，其中最美好的故事发生在1701年，当时，新墨西哥州圣母进殿派的修女正种植尖叶菜豆作为作物。当西班牙游客问她们在种些什么时，回答是T'Pawi——“这是豆子”。事实上，对沙漠中的人们来说，尖叶菜豆是主食，而不是谷物。尖叶菜豆中含有49%的蛋白质，以及铁、烟酸和钙。

直到20世纪30年代，托赫诺奥哈姆族每年都会收获150万磅的尖叶菜豆。半个世纪后，这种豆子几乎完全消失。这些人原来也是以耕种务农为生。现代饮食富含脂肪和糖，加上日益久坐的生活方式，当地人正面临患糖尿病和心脏病的风险。如今，托赫诺奥哈姆族保留地是世界上2型晚发糖尿病发病率最高的地区之一。如果脂肪储存基因的理论正确，那么稳定和可预测的饮食将快速导致肥胖。

这个故事看起来太眼熟了！西班牙人带来了旧大陆的农作物和驯养动物，以及油炸等烹饪方法。到了20世纪，为了使印第安人适应社会，他们被送到英语学校，鼓励采用英裔美国人的生活方式，许多人还参加战争并从中学到了主流文化。当然，慢慢地，他们的传统饮食在很大程度上被非本土食物所取代：面粉、糖和脂肪。这种现代饮食被认为代表了进步、富裕和美式生活。政府项目也在假设这些食物更有营养的前提下对它们提供补贴。现代的灌溉系统是以进步的名义引入的，这既不利于尖叶菜豆，也不利于托赫诺奥哈姆族。

近年来，尖叶菜豆的恢复一方面是为了遏制严峻的健康问题的尝试，但另一方面也是恢复原住民文化和美食的一种方式。该项目倡导拒绝过去几代人所谓的传统印第安食物，如油腻的油炸面包，强调对原始饮食和农业体系的回归。复兴美国土著传统文化的努力已经持续了几十年，但直到最近，托赫诺奥哈姆族才把土著饮食看作是一种真正意义上的、独特的族群生存方式。由此还诞生了一个非常有趣的组织，叫作“托赫诺奥哈姆族群行动”（TOCA），一直致力于资助尖叶菜豆的种植。这在很大程度上是延续了加里·纳伯姆的工作，即通过“土著种子”搜索工具以及最近的RAFT（复原美国食品传统）项目来研究亚利桑那州消失的本地物种，其中包括列出了700种面临消失风险的传统食品“红色列表”。

对印第安人来说，食用尖叶菜豆是恢复健康和身份的一种方式。TOCA的负责人特罗尔·卢·约翰逊说，年轻的印第安人和老印第安人一样，都已经与他们自己的文化疏远了。这些食物使他们重新认识到自己的传统。他们在仪式上使用尖叶菜豆，并用它讲述沙漠人的故事。其中一则故事讲的是郊狼带着一袋尖叶菜豆奔跑的经历；当郊狼被绊倒时，豆子就掉了出来，飞向天空，形成了银河系。仰望星空，天上散落着白色的尖叶菜豆。吃尖叶菜豆就是印第安人恢复失去身份的一种方式。

这个例子特别吸引人的地方不仅仅在于这些豆子作为部落骄傲的推广方式，也在于它们在居留地之外的市场上的销售方式。由于对经济前景了如指掌，这些农民明白，他们可以抢占到一小部分美食市场，把稀有、正宗的物种与地方和风土资源相结合（这也是慢食运动的一部分）。他们还格外强调传统本土食品的魅力，即蛋白质含量很高而脂肪和糖含量很低。一袋2磅重的传统食品在美国传统食品网上售价19美元。相比之下，超市里一袋黑白斑豆大约只要89美分。

尖叶菜豆不仅代表着传统的托赫诺奥哈姆族文化，也能让外来者对支持族群的行为感到满意，就像是在吃一些稀有、正宗、以前却被认为是简单和朴素的东西一样。从某种意义上说，这算是一种新的精英主义，是一种重视地方可持续农业体系而非依赖工业化农业和石油化工的精英主义。但这也是一种购买真实性的方式——简单地品尝一种被认为随着现代烹饪的同质化而消失的生活方式。正如对美洲土著文化的态度在20世纪后半叶发生了转变一样，对豆子的态度也是如此，因为豆子与这些人紧密地联系在一起。

还有一些原产于美国西南部的令着迷人的野生豆类值得一提，主要是因为它们曾经作为人类的食物被广泛采集，现在却几乎完全被遗忘了。所有这些都属于菜豆属，这只能说是分类学历史上的一个偶然事件。其中一种植物的学名为*Phaseolus filiformis*，与尖叶菜豆密切相关，生长在几乎相同的地方。这是一种未经驯化的野生沙漠豆，加里·纳伯姆说，有些人还记得多年前曾吃过这种豆子。人们称其为香二翅豆（frijolillo）；今天，它们有时被称为“瘦身豆”（slimjim bean）。另一种西南地区的本土植物是小菜豆（*Phaseolus parvulus*），这种豆子比其他的豆子都要小，但也可以食用。*Phaseolus pedicellatus* 是索诺兰豆，*Phaseolus polymorphus* 是一种奇特的变异豆（这只是对拉丁语的直译），这两个物种都原产于得克萨斯州。灌木豆（*Phaseolus polystachios*）和圣丽塔山豆（*Phaseolus ritensis*）则都是原产于亚利桑那州。此外，还有更多的豆类物种。以上例子是为了说明北美并非没有那么多的豆类，就像那里也曾经有过很多土著民族一样。豆子和人们都被现代农业边缘化了；新来的人也来了，像菜豆这样粗壮的豆子也是如此。

今天，2006年8月9日，当我写下这些话的时候，慢食运动和RAFT正在旧金山举办以尖叶菜豆和一些其他濒危豆类为主题的烹饪比赛。入围决赛的有白尖叶菜豆和蔬菜豆焖肉，红豆泥配印第安炸面包和节瓜花天妇罗，软白尖叶菜豆配科蒂哈奶酪，烤肋排配番茄辣椒酱，还有鸡肉尖叶菜豆汤。在我写作的时候，获奖名单还没有公布。

我列出的则是不那么时髦的食物，希望我的做法能接近传统的烹饪方法。

炖尖叶菜豆

将尖叶菜豆浸泡一夜，早上换水。把它们放在一口盖着盖子的陶锅里，在滚烫的煤块上煮上大约两个小时，不过可能要花更长的时间。然后用盐调味，加入一只切碎的兔子，最好是野兔，虽然家兔的口感也不错。加入一把齐果（chicos），这是一种在烤箱中干燥的玉米粒，不像压扁的那样经过硝胺化。它可以在新墨西哥州的路边买到，带有一种飘逸的烟熏味道。当然，任何干玉米都可以。如果你喜欢的话，还可以加入浸泡过的切碎的干红辣椒和野生绿洋葱。煮的时间越长越慢越好，必要时加点水。

第十二章　大豆：中国、日本和世界

它们有时被称为“奇迹豆”或“灰姑娘豆”，是众所周知的“白色流浪儿”——大豆奇迹般地成了地球上种植最广泛的豆子，既是食品工业和基因产业的宠儿，也是所有植物中使用转基因技术最广泛的一种。但是这种转变并非一蹴而就——它已经进行了几千年，可以追溯到大豆的第一次发酵、加工成豆浆和豆腐、被制成各种各样的调味品时，尽管这些食物与谦逊的豆子几乎没有什么相似之处。我们中很少有人熟悉大豆本身，理由很简单：它的口感并不好，有一点苦味和令人不愉快的豆腥味。因此，大豆几乎总是被加工成其他东西。用淡盐水煮过的绿色毛豆可能是人们接触到的唯一一种带完整豆荚的大豆食品。这种毛豆是用一种非常特殊的品种培育出来的，味道温和，可在未成熟时食用。

Glycine max 是大豆的拉丁学名，它是另一种植物——野大豆（*Glycine soja*）的后代。令人困惑的是，大豆属中也包括亚属，分离出一组表亲——野生澳大利亚亚属。有趣的是，

大豆最早种植在中国北方的东北部地区，根据最新的DNA证据，大豆种植最早可能发生在大约3 000年前的中国长江流域一带或北方，尽管也有观点认为是在蒙古地区。这使得它在古代豆类中出现得相对较晚，却有着极其悠久的血统。在其他地方驯化的过程中，大豆的种子变大了，植株长得更高更结实，豆荚则能够使种子保存完好而不破碎。前者对人类有用，后者对植物在野外繁殖有用。

在中国人的观念中，大豆被认为是“五谷”之一，据说还包括黄米、小米、小麦和大米。传说神农氏在他的《神农本草经》中就曾经介绍过这些作物，时间在公元前2800年到公元前2300年之间，比大豆的实际驯化时间还要早。农业的发展也被认为是由神农氏开始的，他曾经遍尝数千种植物来发现它们的治疗功效，直到最后一种植物杀死了他，这是一种伟大的自我牺牲精神。尽管神农氏是神话传说中的人物，但重要的是，后人将大豆的起源归因于他们文明活动的神话创始人，以突显它在中国饮食中的核心地位。虽然考古证据最终可能将大豆驯化的起源推后，但目前确定的最早时间是公元前1100年。

无论如何，大豆确实成为中国文化和烹饪的中心，而中国文化和烹饪的发展，也在偶然间伴随着大豆许多神奇的转变。与其他驯化豆类的古代文明不同，中华文明源远流长，几千年来，中国一直是一个稳定且统一的帝国。自周朝（公元前1046年—公元前256年）以来，政府官员组织灌溉工程，保存税收记录，推广使用铁器，同时也促进了大豆的种植。最重要的是，宫廷和它所采用的烹饪方法并没有脱离普通民众。与印度不同，中国的官僚为国家机构提供服务，具有一定程度的社会流动性。他们在宫廷里学习烹饪，并把这些新的烹饪方式带到贵族的身边。而贵族有足够的财富和仆人来维持大厨房的运转并永久雇用专业的厨师。这就保证了烹饪技术将会传播到皇宫之外。

另一个重要的因素是，在任何复杂的烹饪发展中，家庭都起到了核心作用，对长辈的尊敬至关重要。这就保证了食谱将在家庭中从老一辈到年轻一辈代代相传，传统和厨房技术将在几个世纪内保持完整。孝道、服从长辈和崇拜祖先，可能在中国烹饪传统的长期稳定发展中起到了一定的推动作用。再加上中国拥有丰富的本土食材，也不存在太多的食物禁忌，人们几乎可以吃任何东西，因此中国能发展出世界上最复杂、最精致的菜系之一也就不足为奇了。

儒家思想的传播也可能是这一发展的一部分。与西方不同，在西方，个人和自主权被视为宝贵的价值，而在中国，社会的和谐与秩序需要通过适当的行为和对上级的尊重来维持，无论是在家庭、国家还是宇宙中。个人的权利和欲望应当服从整体的利益，为了避免误解或冲突，一套复杂的仪式化行为准则支配着日常交往和餐桌礼仪。筷子的使用是一种从餐桌上消除刀具暴力的方法。规定的饮食方式、用餐的食物顺序以及经典的食谱，早在西方文明出现之前的几个世纪就在这里繁荣昌盛了。所有这些因素都可以解释，为什么大豆能种植并转化成如此多不同的食品在整个帝国中传播，同时原封不动地保持如此之久。

最后一个不容忽视的因素是佛教的影响和非暴力原则所规定的素食主义。虽然只有佛教僧侣严格遵循这种饮食规则，但这意味着蔬菜替代品的发明至关重要。大豆的绰号包括“没有骨头的肉”和“中国的牛”。因此，豆腐成为寺院饮食的核心部分，也是佛教素食主义盛行地区的典型特色，这在日本也是一样。在中国，四月初八的佛诞日上有一个传统，就是将大豆和赤豆赠给来到寺庙的香客。

中国的汉朝（公元前206年—公元220年）大致与古罗马处于同一时期，他们与罗马人进行贸易往来，也见证了这些因素的汇合：一个以儒家思想为基础的中央集权国家，拥有兼具社会流动性和政治稳定性的官僚机构。最重要的是，国家通过出版书籍、官方推广、灌溉工程和新作物开发等方式，有意识地促进农业创新，葡萄和苜蓿的引进就很好地说明了这一点。公元前1世纪时氾胜之的农业专著《氾胜之书》中描述了小麦和小米的复种，以及如何灌溉稻田，轮作豆类作物作为绿肥从而固定土壤中的氮。从技术上来说，这也是火药、指南针、高温制瓷和铁锅的发展时期，而最早的发酵豆制品的出现也并非巧合。通过发酵来储存食物与种植和烹饪食物一样重要。氾胜之还指出，大豆是作为一种保险作物来种植的，因为当小米等谷物歉收时，只有大豆能够存活下来。但在未经加工的状态下，大豆被认为是一种适合农村大众的天然食物。据《汉书》记载，每当饥荒发生时，人们只能依靠大豆和其他谷物为生。

考古发现也证实了大豆在汉朝的重要性，更具体地说，考古发现了一具保存完好的女性尸体（即辛追夫人），她死于公元前168年，是长沙国丞相轪侯利苍的妻子。根据留在她胃里的残余物分析，她的最后一顿饭中包括甜瓜子。在她的身后还埋葬着一大堆食物，供她来世享用，包括大米、小麦、黄米、小米、大豆——神圣的五谷，以及红兵豆。此外也有各种各样的水果、根茎类蔬菜、肉、鱼和家禽，令人惊讶的是还有如何烹饪它们的说明，以及必要的调味料清单，其中包括全发酵的大豆（豉）和一种发酵后制成的大豆酱，可能类似今天仍在使用的一种发酵黑豆豉。在汉代的教科书中也出现了“豉”这个字，证明了它的普及。

大豆发酵技术的重要性不仅仅在于保存，虽然当时的人们不可能知道这一点，即发酵抵消了大豆中的抗营养因子。大豆含有所谓的胰蛋白酶抑制剂，它可以阻止胰腺产生一种对分解蛋白质很重要的消化酶。生大豆或未完全煮熟的大豆也会导致胰腺肿大；它们会抑制生长并导致癌症。大豆中的植酸也会阻碍铁和锌的吸收，而铁和锌是神经系统正常运转所必需的元素。植酸盐基本上会与金属离子（包括钙离子）结合，形成直接通过消化道的化合物。发酵会破坏这些毒素，酶在这个过程中也会分解大豆，使其变得更容易消化，而且从某种意义上说，这种预先加工的烹饪方式会使煮熟大豆需要的燃料更少。在许多豆制品中，也有微生物参与发酵过程，提供维生素。换句话说，大豆的发酵不仅使它变得更美味，而且还由此产生了一系列更有营养的食物，可以养活大量的人口。

上面提到的酱是味噌和酱油的祖先。“酱”这个词最早开始使用是在公元前3世纪，仅仅是指那些腌制和发酵的产品。《论语》中甚至明确指出，某些形态的酱适合给特定的食物调味，从而使味道协调一致。继发酵过的肉和鱼之后，大豆最终采用了同样的加工方式，并加入大米上生长的霉菌（如米曲霉）。这些都是公元前1世纪时，汉朝人史游在《急就篇》里提到的，但对制作豆豉或豆酱的过程描述直到公元535年才出现。基本上，蒸熟的大豆会与由米酒（含酵母）制成的粉末状发酵剂、黄色霉菌和盐混合在一起发酵，所得到的酱料随后会在更复杂的菜肴中被用作调味料。

豆腐也是在这一时期发明的，相传是汉朝开国皇帝刘邦之孙、淮南王刘安的杰作，他生活于公元前179年至公元前122年。刘安好炼丹，从某种意义上看，他是第一个学会让豆浆凝固的人。事实上，在他现存的著作中并没有提到豆腐，直到许多世纪以后的宋朝初年，才有资料提到了刘安与豆腐的关系。更有可能的是，这项发明是个意外。起初，豆腐以豆浆的形式存在，这种液体仅仅是在水中粉碎的大豆。人们往里面加入未精炼的海盐，导致液体凝结，也许最开始这么做只是一项保存实验。然后，固体和液体分离，就像制作奶酪一样，最终被压成固体块。石膏（硫酸钙）或盐卤（在日本，主要是氯化镁和其他从海盐中提炼出来的矿物质）是今天的首选凝固剂。还有人推测，豆腐的制作可能是从蒙古人甚至是印度人那里学来的，因为当时这两种文明已经知道如何将牛奶凝结成各种类似奶酪状的产品。

几个世纪以来，豆腐也被进一步转化为其他相关产品。它可以油炸成豆腐泡，然后往里面塞满其他美味的配料；也可以腌制或发酵，我们很快就会在下文中提到。豆腐皮是另一种由豆浆加热和冷却后在上层形成的薄膜状副产品。人们把这层皮从豆浆中取出并晾干，然后再重新处理这些棕色的薄片，用来包裹别的食物，或者切成细条和碎块放入其他准备好的菜肴里。

汉朝及随后的朝代的另一个重大发展是制定并完善了一套复杂的医疗体系，就像在西方一样，人们依据各人身体情况将豆类和豆制品分类为不同的饮食处方。中医的创立可以追溯到公元前3000年的黄帝，其经典著作《黄帝内经》为地球上最经久不衰的医学传统之一奠定了基础。事实上，这部作品被认为是在黄帝生活的时代之后编撰的。尽管如此，它仍然深刻地影响了关于豆类的观念及其在中国的使用。在中医理念中，人体直接受到风、冷、湿等外力的影响。我们的身体也是大宇宙的一个缩影，受到同样对立的阴阳力量支配。在我们的身体中也流动着一种叫作“气”的普遍宇宙能量原理。充足的气是良好的营养、力量和情绪平衡的标志；气虚则会使人虚弱，易患疾病。疾病也是由于身体内部的热、冷、湿、干的不平衡，以及气流经的通道堵塞引起的。针灸是打开这些通道的一种方法。我们吃的食物直接影响我们的内在生理功能，这就是为什么饮食是中医的基础。基本上，“阴”的食物可以用来抵消过多的“阳”引发的疾病，反之亦然，但是天气、情绪、运动、睡眠和其他一系列变量，也会被中医考虑在内。

在中医系统中，大豆的分类并不完全相同。黑大豆被认为是一种阳性食物，代表热量，因此广泛用于治疗感冒等疾病。许多药物也是由黑大豆制成。现代科学证实了其中的一些用途，最近，包括黑大豆在内的黑色食品也受到了广泛欢迎。

另一方面，白色或黄色的大豆被认为是阴性食物，有时则是平性，会使身体沉重。它们的加工方式也会影响它们对身体产生的作用。唐朝时的医生认为，炒豆过阳，煮熟的豆子却过阴，它们都对身体不好。发酵后的豆豉凉性也很大，但只有在酱的形式下才能保持平衡，适合健康的身体。因此，医学理论本身促进了发酵产品的使用，而不是简单地将食物煮熟。

酱油是亚洲使用的另一种主要豆制品，它的历史同样有趣。最初，它是一种从豆酱中提取的液体，在汉语中，“酱油”的意思就是“酱里的油”。英文中的soy（大豆）即为豆类和酱油，实际上就是来自日语中的shoyu（酱油），而非日语中的daizu（大豆）或者汉语的dou（豆）。soy一词在英语中的首次出现要归功于哲学家约翰·洛克，在1679年的日记中，他提到了mango和saio是两种从东印度群岛带来的酱汁。后来的文献进一步简化了这个词，soy和soya成为最常见的形式，同样是指酱油而不是大豆。

酱油的起源最早可以追溯到汉代，因为当时出现了关于酱汁的记载，尽管可能指的是从任何发酵产品中提取的东西，也许是鱼露，甚至是罗马鱼酱油。值得注意的是，对酱油的第一个特定的描述只能追溯到16世纪，此后不久欧洲人就已经开始进口酱油，而“酱油”这个词直到17世纪才开始普遍使用。酱油的生产过程类似于豆瓣酱的制造，原料包括曲霉、小麦或大麦以及用盐水煮熟的大豆。生产时需要在户外的大缸里发酵，并定期搅拌。几个月之后，固体被压了下去，上层清淡细腻的液体将成为一级酱油。也可以继续往固体中加水，再发酵几次，时间越长，酱油的颜色越深。

在日本历史上，豆制品的重要性很早就突显出来。虽然当地可能也有类似的本土形式，但豆制品从中国传入日本的时间大概在公元6世纪，和佛教传入的时间差不多。自从7世纪以来，四条腿的动物在日本被禁止食用，以蔬菜为基础的蛋白质来源以及由大豆制成的调味料就变得越来越重要。一种叫作“稻夫”（Hishio）的酱油在当时就已经使用。它发展成味噌酱和两种形式的酱油：塔玛里酱油（tamari），只是从味噌中流出的液体，不含小麦；以及含有小麦的苏玉酱油（shoyu）。

701年，文武天皇制定了关于味噌的生产和征税的规定，但是味噌这个词是在大约一个世纪以后才出现的，由表示味道和喉咙的文字组成。味噌被用作一种普遍的调味料，颜色有深有浅，味道有咸有淡，甚至还有甜味，一共包括几十个品种。制作味噌时，一般情况下都是先蒸大米或大麦，形成米曲霉，由此产生的产品叫作曲。然后将其加入煮熟的大豆、水和盐中，并放置发酵整整两年。日本人已经形成了对味噌的鉴赏力，这种能力就像判断葡萄酒一样复杂，有着特定的地理来源和首选的生产年份。最好的味噌酱的价格甚至和最好的葡萄酒不相上下。

在西方，我们最熟悉的是豆腐蔬菜味噌汤，它出现在镰仓时代（1185年—1333年），是一种适合禅宗佛教徒的素食。这道汤从寺庙和幕府流传开来，成为大众喜爱的一种食物，以至于有句俗语说:“只要有味噌,一切都好。”值得注意的是,这种形式的大豆在日本已经不仅仅是一种调味料,而是早餐和大多数餐点的主食,还是一种无须冷藏就可以永久保存的食物。从某种意义上说,这种汤也是速溶的,因为它不需要用新鲜的原料。今天,在西方有数百种不同的味噌;其中白味噌略带淡红色,适合做汤,而红味噌颜色更深,味道也更咸一些。

从做鱼汤开始,虽然我们可以买到速溶粉,但它们的味道有点呛。相比之下自制的版本口感更好,而且制作起来只需要很短的时间,使用干鲣鱼片和干海带就能完成。先从一大块干海带开始,把它放入水中煮沸,撇去浮沫。在水沸腾之前,取出海带,加入几把干鲣鱼片。再次煮沸后从火上取下。让薄片沉淀并沥出。在清汤中,你可以加入葱丝、豆腐块,也可以加入切成精致薄片的萝卜或胡萝卜,还有几缕更精致的裙带菜。这些应该被认为是一种装饰,每只碗中最多只能放几块。慢慢煮直到它们变软。最后,取一些高汤,加入一碗味噌酱使其变稀后再放回锅中。这时不用再煮沸即可食用。

日本的酱油也可以追溯到这一时期。相传它是由一种名叫“金山寺”(Kinjanzi)的味噌发展而来,起源于禅宗僧人觉心13世纪时在中国寺庙里学会制作的味噌。据说,他发现从这种味噌中提取的液体可以制成一种非常好的调味料,当时被称为tamari或murasaki，意思是深紫色。酱油的文字记录直到1559年才出现在山下幸男的日记中，但可能在此之前很久就已经开始使用了。同一时期，京都的一所著名烹饪学校在编写的烹饪书中也经常提到酱油，并将其用在各种各样的菜肴中作调味料。从那时起，酱油也被大量商业化生产。到了江户时代（1600年—1867年），酱油得到了真正的普及，并与日本的传统食物寿司联系在一起。

之所以会发生这种情况，很大程度上是日本文化在没有外来影响的情况下，刻意孤立和独特发展的结果。在江户（今东京）、大阪和京都这些主要的城市，往往是城市里久经世故的精英们资助了日本古典艺术——音乐、戏剧、绘画，还有美食。在这些可能被认为是最早出现餐厅文化的地方，厨师和餐厅老板们争相采用创新的菜肴、漂亮的餐具和宁静的花园来吸引人们的注意力。他们发明了经典的日本高级料理，强调简单和纯正的味道、盘子的极简设计以及对自然美景的尊重。食物摆放得很优雅，而不是被倾倒在盘子上，甚至连餐具、陶瓷和漆器碗本身也成为一种美学表达。在这一时期，茶道、怀石料理（可以与茶道搭配的精致餐点）和著名的乐烧茶碗都得到了完善。正是在这样的背景下，酱油成了理想的调味品，它们可以在不掩饰食物的情况下提升食物的风味，巧妙地使用酱油会为食物增添一种微妙的复杂性。近年来，这种调味原理，即第五味，受到了广泛关注。从本质上说，在蘑菇、海带和发酵大豆中发现的天然谷氨酸，已经被证明能强化其他食物的味道。

今天仍在营业的日本Higeta酱油公司和Yamasa酱油公司就是起源于这一时期，分别成立于1616年和1645年，位于江户以东的铫子港。也正是在这个时候，烤小麦进入了酱油制作配方，使其味道更浓、颜色更深。1661年，后来的龟甲万酱油公司中最早的家庭成员开始在野田生产酱油。与此同时，酱油开始被荷兰商人带到欧洲，这就是约翰·洛克偶然发现，并第一次在英语中提到酱油的原因。

尽管酱油的起源仍然存在广泛争议，但另一种重要的大豆产品在现代日本变得很受欢迎——纳豆。如今，它是用整粒微小的大豆制成的，但在过去，人们常常把它切碎或拌入味噌汤中混合而成。对于不熟悉纳豆的人来说，它无疑是这个星球上最令人费解的食物之一。想象一下，焦糖色黏液中的小豆子散发出氨气和腐烂堆肥的泥土气味。然后把筷子插进去，夹几颗豆子放到嘴里。你会感到豆子上仿佛有一层黏糊糊的细丝线，如果你的动作稍微不协调，它就会粘在你的脸上和衣服上。拉的丝线越长，纳豆的价值就越高。为了测试这一点，想必你得向后退几步，并希望丝线不会永久地粘在地板上。但它的味道却出奇地温和，而且并不咸，这可能就是为什么纳豆通常用酱油和芥末调味的原因。把纳豆放在米饭上会更容易处理一些，对于铁杆豆类爱好者来说，这可能是一道非常吸引人的新奇食物。

纳豆在发酵豆中的独特之处在于，它是用纳豆芽孢杆菌而不是霉菌制成的。因此，它与采用普通的曲霉菌发酵的滨纳豆不同。纳豆中的酶实际上简化了整个大豆的消化过程，所以它不需要烹饪就能食用。对于缺乏烹饪燃料的国家来说，这显然是一个福音。纳豆的发酵也使营养物质更容易获得，与煮熟的大豆相比，纳豆中含有更多的核黄素。

其他一些“臭名昭著”的发酵豆制品也值得肯定。在16世纪的中国或者更早些时候，人们发明了一种类似于真正的乳制品奶酪的东西。在中国以外的地方，人们通常称腐乳为“臭豆腐”，其实就是由霉菌孢子接种在豆腐上发酵而成的。这种食物有几十种不同的类型，有腌制的，也有调味的。它们的质地和香气都足以与成熟的卡门贝尔奶酪相媲美，可以作为美味的小吃单独食用，也可以当作开胃菜。腐乳还可以用来烹饪其他菜肴，或者和米粥一起食用。有趣的是，腐乳可能被认为是如今面向纯素食主义者和对奶制品过敏的人销售的无奶奶酪的鼻祖。

豆豉是发酵大豆的另一种形式，但与上面讨论的完全不同。首先，它起源于印度尼西亚，很可能是爪哇。大豆大约是在一千年前被引进印度尼西亚的，而豆豉可能几乎和大豆一样古老，尽管书面的参考文献只能追溯到几个世纪前。它是以快速煮熟和脱壳的大豆为原料，接种少孢根霉菌制成的。

豆子会被分解，并用香蕉叶包裹大约两天后形成一个固体饼，然后将其切成薄片制成复杂的菜肴，采用油炸或蒸煮的烹饪方式。与豆腐不同的是，豆豉口感密实，还带有硬块，有着类似肉的味道。其中蛋白质含量约为20%，比肉类营养更丰富。其他种类的豆豉也可以用四棱豆、刀豆等其他种类的豆子以及谷物做成。豆豉之所以受欢迎，部分原因是它的质地和味道很吸引人，但在地球上人口最稠密的地方，作为蛋白质来源的豆豉也具有重要的意义，因为在那里，大规模饲养动物以获取食物并不现实。与相关产品一样，发酵也会减少胰蛋白酶抑制剂以及引起肠胃胀气的低聚糖。也就是说，如果有任何一种豆制品在未来有望成为肉类替代品的话，那一定是豆豉。

炸发酵豆饼

取豆饼切成片，用盐水、碎大蒜和碎胡荽混合腌制。沥干，然后用椰子油油炸。炸发酵豆饼既可以作为小吃，也可以和米饭一起食用。

西方的大豆

第一批讨论大豆和大豆产品的欧洲人是早期来到亚洲的游客，他们通常是和葡萄牙人一起到达的，那时，葡萄牙人已经建立了一系列海运贸易站，从印度到印度尼西亚、中国和日本。这些评论员很少认识到大豆和由它制成的食物之间的联系。佛罗伦萨商人弗朗西斯科·卡莱蒂曾于1597年访问日本长崎，他在自己的《世界旅行回忆录》中写道：

> 他们用鱼做各种各样的菜肴，用他们称之为味噌的酱汁调味。味噌由一种在各地都很常见的豆子做成，它们被煮熟，捣碎，和一些酿酒用的米饭混合在一起，然后装在桶里——豆子会变酸，几乎全部腐烂，呈现出一种很冲的味道。一次使用一点便能给食物增添风味，他们称之为“白”（Shiro），我们称之为便餐或肉汁。正如我所说，他们把蔬菜、水果和鱼混合在一起，甚至还有一些野味，然后和米饭一起吃，米饭的作用就像面包一样……

同样，在中国的多米尼加传教士多明戈·费尔南德斯·德纳瓦雷特在1665年撰写的《旅行记》中首次描述了豆腐。“在这里，我将简要地提到全中国最常见、最普通、最便宜的食物，从皇帝到最卑微的中国人，所有中国人都会吃。这就是所谓的豆腐，是一种菜豆酱。”当然，他对到底哪种豆子才是制作豆腐的原料的看法并不准确，但他继续描述制作豆腐的过程，尽管他显然没有亲眼见过。

> 他们从菜豆中取出豆浆，把它翻过来，做成像奶酪一样大的蛋糕，有五到六根手指那么厚。所有的豆腐块都像雪

> 一样白，看起来再美好不过了。豆腐可以生吃，但一般都是和草药、鱼以及其他东西一起煮熟了吃。只有豆腐味道很淡，就像我所说的那样，在极好的黄油里油炸会形成完美的表皮。人们也会把豆腐晒干或烟熏，并与香菜种子混合，这是最好的食用方法。令人难以置信的是，中国需要消耗的菜豆实在是太多了，很难想象他们会种植这么多。中国人有豆腐、草药和大米，他们不需要其他食物来维持生活。

他对于中国人会吃大量豆腐的观察绝对正确，甚至评论说，相比鸡肉，许多中国人更爱吃豆腐，但遗憾的是，没有一个欧洲游客会尝试这种食物。

像纳瓦雷特这样的传教士并不总是受人欢迎，在经历了与葡萄牙人相处之后，日本人决定把他们赶出去，关闭他们与西方的港口。从1641年起，只有荷兰人被允许在长崎的一座名叫“出岛”的人工小岛上进行贸易。这是一种有意识的孤立政策，不允许任何西方人踏上日本的土地。1690年，德国植物学家恩格尔伯特·坎普费尔经过一系列漫长旅行之后，来到了波斯、印度尼西亚，最后抵达日本。在这里，他以荷兰东印度公司医疗官员的身份工作了几年，并与一个名叫今村的年轻将军交了朋友，后者被任命为他的仆人和同伴。表面上看，是日本人想学西医。事实上，坎普费尔学会了日语，并被允许去首都江户的皇宫，在那儿的几年里，他充分了解了当地的风俗和植物，包括大豆的使用。1712年，坎普费尔出版了《异域采风记》，这是西方第一本解释了大豆的加工和食用的书籍。他解释说，这种菜豆（需要记住的是，几乎所有外来的豆子都被称为菜豆）与其他菜豆相似，但豆荚上有些毛，每枚豆荚中只有两颗或三颗豆子，和豌豆差不多。他对大豆在日本菜中使用的描述值得完整引用。以下引文译自他的拉丁文记录，或多或少地保留了他的标点符号和句子结构：

> 豆子在日本料理中的地位可以填满这一页；事实上，它是由豆子制成的：一种叫作“味噌”的粥，可以被添加到菜肴中以保持黏稠度，从而代替黄油，因为在这里黄油是一种从未有过的东西；还有一种著名的酱油，叫作“秀珠”（Sooju），如果它没有倒在哪道菜上，那肯定是因为那道菜是油炸和烤制而成的。我将描述两种方法：
>
> 制作味噌的时候，他们会将玛姆豆（Máme bean）或大苏豆（Daidsu bean）在水中浸泡很长时间直到变软，然后彻底煮熟，将其捣成光滑的糊状。在不断捣打糊状物的同时，拌入食盐，夏天四份，冬天三份；加入的盐越少，加工速度就越快，但也越不耐放。然后加入等量的豆子，反复捣碎，同时，将库斯（Koos），也就是用纯净水蒸过的去壳大米，静置在一间温暖的储藏室里冷却一到两天直到收缩。把这种混合物（类似糊或膏药的稠度）放在一个一两个月前曾经盛放过一种叫萨基（Sacki）的啤酒的木桶里。库斯给这种酱带来了令人愉快的味道，就像德国人的糊一样，准备这种食物需要一位专家或大师出手；正因为如此，那些制

作它的人地位独特，并有资格出售它。

为了制作秀珠酱油，他们把相同的豆子煮到同样柔软；粗磨麻吉（muggi），即谷物，包括大麦或小麦（如果用小麦，做出来的酱油颜色较深）；加入等量的食盐，或者每一种的用量单独称量。将豆子和碾碎的谷物混合在一起，在热的地方静置一天一夜使其发酵。然后，往一个陶土缸中加入盐，边倒水边搅拌，通常是两份半的量：完成后，混合物团块被充分覆盖，接下来的几天用铲子至少搅拌一次（最好是两次或三次）。这项工作需要持续两到三个月，不断挤压团块并排干，然后将液体保存在木制容器中；时间越长，酱油越清澈，品质越好。再次加水到沥干的团块中使其湿润，继续搅拌几天后再度挤压。

18世纪早期，大豆植物标本也曾一度声名大噪。18世纪30年代，乔治·克利福德雇用了年轻的卡尔·冯·林奈，在荷兰哈勒姆附近的哈特坎普为他的标本室整理目录。克利福德当时是荷兰东印度公司的董事，他收到了来自世界各地的植物标本，这些标本都经过仔细干燥并被贴在纸上，其中就包括大豆。1737年，林奈完成了他的《克利福特园》，由此开创了双名法，直到今天我们还在使用。例如，正是在这本书中，他决定把香蕉命名为*Musa paradisiaca*，因为他认为香蕉是伊甸园的禁果。大豆也是最早被命名的植物之一，以欧洲最熟悉的豆制品酱油命名。他最终选定的名字是*Dolichos soja*，这个名字一直沿用到20世纪。

尽管植物学家对大豆和大豆制品很感兴趣，但在西方，这些东西并没有得到太多的重视，因为西方国家基本上仍然沉溺于以肉为基础的饮食。但到了19世纪，在素食运动的影响下，这一状况开始发生变化，大约在19世纪中叶，素食运动在英国和美国正式组织起来。在此之前，人们通常称之为“毕达哥拉斯学派”——实际上，在18世纪的法国和意大利，有一些关于素食的营养研究非常有趣。但是，出于伦理考虑而避免吃肉的想法，直到19世纪中期才真正流行起来。素食运动始于纽约一位名叫埃伦·G. 怀特的妇女，1844年，17岁的她开始确立宗教信仰。这种信仰贯穿她的一生，并最终导致了基督复临安息日会的建立。根据怀特1863年的设想，教会采纳了各种信条，其中包括不吸烟、不喝酒、不吃肉，以及只能用自然疗法治愈疾病。几年之内，密歇根州的巴特克里克建立了一家疗养院，并自然而然地努力寻找非肉类饮食方案。其他类似的疗养院也在20世纪蓬勃发展，尤其是在有了约翰·哈维·凯洛格的领导以后更是发展迅速（我们都知道，他是拥有各种早餐麦片产品的超级品牌——家乐氏的发明者，由他的兄弟威廉·基思推销——威廉·基思的形象就印在盒子上）。

早在1917年，凯洛格就开始对大豆和大豆制品感兴趣，认为它们是糖尿病患者的理想食物。（甚至早在1893年，他的妻子埃拉在《厨房里的科学》一书中就提到了植物酪蛋白，以及中国人用豌豆和大豆制作奶酪的故事。）在阅读了当代一些关于大豆在亚洲饮食中作用的著作之后，他在1921年出版的《新营养学》一书中开始推广豆腐、豆浆、酱油和豆芽作为高蛋白肉类的替代品。20世纪30年代，他还出版了很多宣传大豆的出版物。当时，大豆主要被用作动物饲料，并用于在土壤中固定氮。但对于20世纪初的大多数人来说，大豆就是动物的食物（凯洛格的一篇文章题为《大豆作为人类的食物》），更有趣的是，只有亚洲人会食用大豆，没有几个西方人有兴趣模仿他们的烹饪习惯。

尽管如此，专家们越来越赞同，大豆制品是素食主义者的理想选择，它提供了必要的蛋白质、脂肪和维生素（营养科学家们才刚刚开始理解大豆在营养学方面的作用）。事实上，凯洛格与威廉·莫尔斯保持着联系。莫尔斯是这个时代最重要的大豆推广者，对亚洲饮食有着直接的了解。但由于某些原因，大多数豆制品从未被广泛接受，甚至在素食主义者中也不例外（除了酱油，它在17世纪就已经出现了）。

出现这种情况似乎因为是美国文化对卫生和食品技术的痴迷。奇怪的是，对于一个对天然和健康食品如此感兴趣的群体来说，普通豆制品并不意味着未经加工或完整的食品。加工后的豆制品被视为一种高效、卫生和科学证明更有营养的东西。这就是为什么当豆制品最终向公众大规模销售时，它们并没有以传统的豆腐、味噌等形式出售（这是我们近几十年来更熟悉的东西），相反，它们是具有现代名字的产品，例如，库米松——似乎没人理解这是什么，后来被改为植物凝乳，最后用的名字是由嗜酸乳杆菌处理的豆浆（也是凯洛格最喜欢的产品之一，源于他的结肠卫生理念——也是健康食品倡导者，甚至主流营养学家仍然关注的问题）。

后来，在素食主义的道路上出现了大豆面筋薄饼、大豆粉、大豆酮（一种咖啡替代品）和一种被称为“原生质”的罐装大豆“肉”。（凯洛格让亨利·福特对大豆产生了兴趣；福特开始生产用于汽车的大豆塑料产品，甚至还穿了一套完全由大豆纤维制成的西装。）大豆和大豆油的工业用途都是这些实验的直接产物。如今，大豆是美国的第二大作物，美国也是世界上最大的大豆生产商。海伦·帕克·贝尔和埃塞尔·M. 坎贝尔合著的《生命丰盛的烹饪书》是一本关于早期健康食品时代的书，使用了“原生质”、诺顿烯和萨维塔（一种类似肉的提取物）。我必须得引用他们的食谱，下文列举的是豆饼的做法，请记得使用大豆。

> 两杯豆子、一杯糙米、一汤匙黄油、一汤匙全麦面粉、一茶匙盐、一汤匙洋葱汁、一汤匙辣椒粉。豆子像往常一样洗净煮熟，沥干水分。如往常一样，将大米洗净，煮沸，沥干；将热豆子和大米放入切碎机中。将软黄油和面粉揉匀；加入热豆子和大米；加入洋葱汁、欧芹、盐；拌匀。将混合物放入烤盘，使其顶部光滑，放入热烤箱烤30分钟，或烤至棕色。如果觉得太干可以加一点牛奶。

但回到凯洛格，故事最精彩的部分在于，凯洛格最感兴趣的是推销新技术含量高、营养价值高的产品，而在大多数人心目中，大豆仍然是来自亚洲的食物，如果推广传统的豆制品，他无法真正做到这一点。这在一定程度上还是源于对新奇和技术的痴迷，以及对盈利的需求。但公众似乎也不愿意接受与亚洲人有关的食物。例如，在20世纪初出版的为数不多的亚洲烹饪书中，有一本是由萨拉·博斯和夫野渡名（显然是化名）在1914年出版的《中日烹饪书》。它确实在部分食谱中加入了豆腐，其中一些可能会吸引西方人的口味，比如用油炸豆腐和味噌酱（被称为大豆和大米奶酪）搭配鸡肉及蔬菜制成的萨摩汤。人们想知道，1914年，人们在哪里可以找到这样的原料。

无论如何，前言中的评论表明，作者正在与根深蒂固的偏见作斗争。他们说：

> 没有理由不让这些相同的菜肴在美国家庭烹饪和享用。如果西方人知道制作这些东方菜肴所用的原料是多么简单和干净，那么他们在品尝到这种来自新大陆和异域的味道的时候，就不会再有这种天然的厌恶了。

只有在人们对中国和日本菜肴有了更深入的了解、对亚洲人本身的负面态度发生了改变，以及对天然食品的定义开始意味着掺杂最少之后，采用传统加工方式的大豆食品才能真正在西方打开销路，这可能并不是巧合。

20世纪中叶的美国见证了两个在意识形态上不相关甚至完全不同的大豆推动团体。一方面，反文化运动出现，其中大部分参与者都是素食主义者，他们寻求未经加工的“天然”食品作为反抗现代食品工业的隐性控制的措施，这些隐性控制包括高度加工、不健康的食品和破坏环境的做法。人们对加工食品、防腐剂和杀虫剂的担忧，在蕾切尔·卡尔森的《寂静的春天》等书中首次引起了公众的广泛关注。素食饮食为当代人对人口过剩和饥荒的恐惧提供了部分解决方案，并在法兰西丝·摩尔·拉佩的《一座小行星的新饮食方式》和其他流行的素食烹饪书中得到普及。由于大豆的高蛋白含量和被认为对健康有益，大豆是这类研究推广的主要食物之一。这种神秘感的一部分也是源于对东方哲学和宗教的迷恋，以及对吃豆腐和豆豉等古老豆类食品的欲望。

另一方面，美国农业综合企业也将大豆推广到工业生产中。利用现代技术，可以从大豆中榨取优质的食用油，而残留的饼料可以用作牛的饲料。这种油也以人造黄油和起酥油的形式成为低胆固醇脂肪的选择。大豆粉可作为一种高蛋白添加剂应用于烘焙食品中。精制蛋白或TVP（结构性植物蛋白）可以作为肉的替代品或填充物。提供大豆卵磷脂是大豆最重要的工业用途之一，作为一种稳定剂，大豆卵磷脂可以用于制造冰淇淋和许多其他食品，以及化妆品、药品、油漆、塑料、肥皂等。

尽管这两个群体在意识形态上存在分歧，但为了各种实际目的，他们共同努力，不仅使大豆成为美国最赚钱的作物之一，也使美国有能力向世界上大部分地区供应大豆，并发展出国内工业加工大豆“健康食品”的制造商。也就是说，正如沃伦·贝拉斯科在《变革的欲望》一书中所指出的那样，健康食品运动失去了它最初回归地球以及当地种植和合作的初心，并且随着大豆产品的主流化，小规模的本地生产商将被大型跨国公司收购。尽管有人可能会认为，这是一个行业利用一切机会赚钱的行为，但最终两个对立的团体都实现了彼此的目的，也实现了大豆的目的。在这个国家的任何一家杂货店里，不仅有传统的豆腐，还大豆汉堡、豆腐冰淇淋、大豆坚果等食物。贝拉斯科称大豆为“反美食的象征”，它也将成为食品工业的一个主要标志。

今天的大豆

近年来，人们对食用氢化植物油（主要产自大豆）中发现的反式脂肪给健康造成的负面影响非常担忧。自从美国农业部于2006年开始要求在含有反式脂肪的产品上贴标签以来，食品行业被迫采取了行动，这意味着人们可以有意识地选择不购买含有起酥油的产品。为了消除这种恐惧，以嘉吉公司为代表的食品行业一直在开发含有较低水平亚油酸的大豆。亚油酸容易酸败，降低亚油酸含量便可避免氢化的需要。这项研究大部分是在艾奥瓦州立大学进行的。当家乐氏宣布将使用这种新油来制作饼干时，生产商自然反应热烈。阿索亚是一家生产这种食用油的公司，他们声称这种油可以长期用于油炸（这对消费者来说可能不是件好事，尽管据说炸出来的食物也能在较长时间内保持酥脆）。最有趣的是，这种油不是从转基因植物中提炼出来的。就像大多数食物一样，食品行业最终也要迎合大众的需求，尤其是当公众对他们所吃的食物已经十分了解的时候。其他公司也在生产这种新型食用油，包括孟山都公司的维斯蒂夫大豆生产线，以及先锋公司的纽迪姆大豆生产线。虽然到目前为止，这种新大豆还没有经过转基因实验，但很可能还会有新的品种出现。毕竟，除非它们能获得专利，否则垄断市场的希望不大。

这些五花八门的新型食用油产品仅仅是大豆在未来可能发生的无数种变化方式的缩影，这些变化的速度将比历史上任何时候都要快。尽管目前转基因食品受到人们的强烈反对，在欧洲尤其明显，但美国食品制造商不允许披露使用转基因生物的情况。只有购买带有有机标签的食品，才能购买非转基因大豆。然而，大多数转基因大豆都是通过各种途径进入食品供应的，它们要么成为牛饲料，然后又被人们食用，以加工原料的形式参与其他产品的生产；要么被用于据说能促进健康的食物中，如豆腐和豆浆。自1996年首次种植以来，转基因作物的种植面积也大幅增加，其中美国占了一半以上，很大一部分种植在中西部地区。转基因作物约占世界作物种植总量的四分之一。继美国之后，阿根廷种植了约三分之一的转基因作物，主要是大豆，其次是加拿大、巴西和中国。在美国，截至2004年，种植的所有大豆中有85%都是转基因大豆。

截至目前，转基因大豆的主要好处就是耐除草剂；这种植物在喷洒农达和其他除草剂后仍能存活，这些除草剂都是由为这种新品种大豆种子申请专利的同一家公司生产的。对昆虫的抗性是另一个直接的好处。这样一来，农民们满怀热情地种植这种新品种大豆就合情合理了，他们希望节省化学杀虫剂的使用，并在一个需要巨大产量的市场和政府补贴的帮助下提高产量。然而，消费者并没有看到多少实实在在的好处，而且对这种所谓的“科学食品”可能产生的未知副作用（对环境和健康）的担忧，远远超过了对包括改善营养在内的任何其他潜在好处的期待，更不用说还有“篡改自然”的道德问题了。目前，科学界还没有对转基因作物的影响进行长期研究，这同样令人不安。最重要的是，大多数人想知道为什么在传统育种实践已经被证明如此有价值的时候，还要进行转基因实验。就连转基因研发巨头现在也被迫考虑同样的问题。孟山都公司的维斯蒂夫大豆就是通过传统育种技术培育出来的，尽管使用计算机技术可以找到精确的基因标记，并获得他们想要的性状。该公司甚至希望，第三条维斯蒂夫大豆生产线的上产出的大豆油很快就能直接面向消费者。

最近关于转基因大豆的热议与俄罗斯科学家伊丽娜·叶尔马科娃在2005年10月的一次会议上发表的研究结果有关。在一项实验中，科研人员喂养了三组不同的怀孕大鼠，时间从受孕前一直持续到产崽后的婴儿期，其中一组喂常规食物，第二组喂孟山都抗农达大豆，最后一组喂普通大豆。叶尔马科娃发现，第一组的后代死亡率为6.8%，第二组为55.6%，最后一组为9%。也就是说，杀死幼鼠的不是大豆饮食本身，而是转基因大豆，那些存活下来的幼鼠则骨瘦如柴、营养不良。俄罗斯科学家得出结论，转基因食品可以影响“人类和动物的后代”。人类健康是否与此有关是一个值得讨论的问题，但有趣的是，美国的资助机构还没有尝试开展这类研究。人们只能猜测，这对食用转基因大豆的孕妇到底意味着什么，更不用说食用大豆配方奶粉的婴儿了。但美国公众或许已经正确地学会了不相信行业专家所说的安全食品。一些科学家如今也在反驳这些发现，说这篇文章没有经过同行评审，研究方法也有缺陷。奇怪的是，他们中的许多人都在位于大豆主要种植区的机构里工作，在那里，政府的资金和游说资金之间联系紧密。

另一方面，美国种植的大豆绝大多数被用于畜牧业，其中近一半用于饲养家禽，其余用于饲养猪和牛。如果它们后代的死亡率真的像实验中提到的那么高，难道会没有人注意到吗？在许多情况下，种植大豆和饲养这些动物的是同一群人，他们会接受这样的利润削减吗？在高度一体化的畜牧业中，养殖者永远不会接受生产力下降50%的事实。另一种可能性是，由于大豆的基因组成相当不稳定，俄罗斯科学家用于实验的可能是一批坏大豆。如果这种大豆沿着食物链进入我们的身体，那这一事实就更值得我们关注了。

事实上，在过去的十年里，转基因大豆得到了完全相反的关注。一段时间以来，医学研究一直强调在以肉类为主的饮食中减少饱和脂肪的需求，需要用其他蛋白质来源代替肉类，但最近发现大豆中的特定植物营养素可降低乳腺癌、子宫癌和前列腺癌的发病率。这些营养素就是异黄酮：甘草素、染料木黄酮和恰如其名的黄豆苷元（来自中国大豆）。这些都是植物雌激素，与人体内的雌激素非常接近，已被用于治疗与激素相关的癌症，更年期妇女使用相对更多。它们似乎能减缓癌细胞的生长速度。

目前，我们尚不清楚这些发展是否为美国长期沉迷于速效疗法和时尚疗法的结果。促进这些趋势的医学研究是在大量种植大豆，并在不断地寻找新用途的地方进行的，也有研究基金直接或间接支持大豆相关项目，这也不足为奇。这与葡萄酒和抗氧化剂以及用燕麦降低胆固醇没什么区别。本书无意与医学研究竞争，仅仅指出这些研究是如何迅速而显著地转化为食品杂货店货架上的新产品，以及消费者摄入大豆的新方法。人类为食物付出的代价要比牛多得多，如果制造商能吓唬人们吃更多的大豆，他们就会这么做，即使这意味着需要推广一种经过转基因、高度加工、赖氨酸等营养物质已经被降解的产品。用非常复杂的化学工艺加工出的大豆油真的对我们的身体有利吗？我们的身体真的有能力处理这些东西，比如结构性植物蛋白吗？还有阿彻丹尼尔斯米德兰公司最新研发的品种“大豆7”，真的可以用来制作意大利面吗？大豆中的植物雌激素真的对每个人都好吗？所有的抗营养因子，比如胰蛋白酶抑制剂和植酸，都会从人体中窃取铁和锌，更不用说钙了，而钙应该是大豆提供的营养之一，这又该怎么解释呢？

随着时间的推进，许多科学研究开始缓和人们对大约十年前推出的大豆产品的狂热热情，特别是对大豆能降低胆固醇的期待。科学就是这样运作的，也算是一件好事。然而，食品行业，尤其是新兴的营养品市场，将确保新的大豆食品在很长一段时间内源源不断地出现。在这些产品中，有一些失败了，比如最近尝试将藻类基因植入大豆，以提高对心脏有益的ω-3脂肪酸的含量。事实证明，用这种大豆制成的油很难吃，消费者永远不会买它。可能还有其他几十个从未离开过实验室的例子，但总会有取得成功的实验。未来，我们一定会吃到越来越多不同品种的大豆。

后记 豆子的未来

我们很难确切地说豆子在未来会变成什么样子。本书开头提到的所有迹象都表明了这一趋势，即随着国家的“发展”和西方化程度的提高（即富裕），人们确实倾向于吃更多的肉和更少的豆子。我认为在我们的有生之年，不会看到像印度和墨西哥这样在传统上对豆子十分依赖的地区彻底消失。但统计数据确实表明，世界各地的人们吃的豆子比过去少了。只要西方价值观占主导地位，豆子就会继续被慢慢地边缘化，或者作为优秀的传统品种出售，正如我们所看到的，这一趋势正在形成。良好的观念转变和出色的市场营销手段也许是豆类的唯一希望。但我确实担心那些“丑小鸭”，那些既非大得惊人也非小得耀眼的普通棕色或白色豆子，还有那些没有历史联系也缺乏民族魅力的豆子——但这些总可以被发明出来。

更大的变化，也是在任何一家副食品店都显而易见的变化在于，干豆子很可能会成为过去的事情——就像用骨头做高汤一样，实际上已经消失了。谁有这么多时间呢？如果我们继续这样的生活节奏，谁还会有精力煮干豆子呢？豆子的未来就在罐头里。这意味着和我们吃的大多数食品一样，它们将被规模更大的少数几家公司控制，这些大公司掌握了豆类从生长到加工、分销网络、营销和零售的一切。诚然，与大多数蔬菜不同的是，罐头中的豆子也没有那么糟糕。

另一个几乎不可避免的趋势是，虽然关于豆子的科学研究大多集中在大豆上，但其他的豆类也将引起人们的注意，因为工业界迟早会意识到还有别的豆类品种也含有大量油脂和蛋白质。当这些物种实现在热带国家的大规模种植时，大豆很可能会失去人们的关注。最终，只有当人类发现这些豆子的其他用途时，它们才有机会成为转基因作物，或许是作为新的燃料来源或合成建筑材料。这是随便哪个人都有的猜测；但只要人们想吃肉，这些豆子就肯定会被用来喂养动物。事实上，目前大多数关于豆类的研究都是为了寻找更好的饲料作物。

对于人类和餐桌来说，豆子的未来已经足够简单了。它们将成为怀旧的对象，为那些有闲暇的人唤起美好且古老的“慢”日子，或回忆起民族的家园。即使没有火腿节，豆子也会在传统菜肴中受到尊敬，人们也会因为新奇而发出惊叹。（我预测四棱豆现在随时都有可能出现在超市里。）豆子将继续被吹捧为植物蛋白的最佳来源，作为在不破坏地球的情况下养活世界的手段。如果我们现在的肉食制度以某种方式崩溃，或者我们目睹了前所未有的人口增长，我希望我们能真的记住豆子。我希望在某种程度上，无论发生什么，我都能为它们的生存做出贡献。

参考文献

现代豆类食谱

Barrett, Judith. *Fagioli*. New York: Rodale, 2004.

The Bean Book. Guildford, CT: The Globe Pequot Press, 2001.

Beans, Beans, Beans: California's Finest Recipes. Dinuba, CA: California Dry Bean Advisory Board. n.d.

Bingham, Rita. *Country Beans*. Edmonton, OK: Natural Meals in Minutes, 1994.

Blomfield, Barb. *Fabulous Beans*. Summertown, TN: The Book Publishing Co., 1994.

Chesman, Andrea. *366 Delicious Ways to Cook Rice, Beans, and Grains*. New York: Plume, 1998.

Currie, Violet and Kay Spicer. *Full of Beans*. Campbellville, Ontario: Mighton House, 1993.

Dojny, Brooke. *Full of Beans*. New York: Harper, 1996.

Elliot, Rose. *The Bean Book*. London: Thorsons, 2000. 1st ed. 1979.

Fischer, Shayne K. *Bean Lover's Cookbook*. Phoenix, AZ: Golden West Publishers, 2005.

Geil, Patti Bazel. *Magic Beans*. New York: John Wiley, 1996.

Green, Eliza. *Beans*. Philadelphia: Running Press, 2004.

Gregory, Patricia. *Bean Banquets from Boston to Bombay*. Santa Barbara, CA: Woodbridge Press, 1992.

Guste, Roy F. *The Bean Book*. New York: W.W. Norton, 2001.

Hughes, Meredith Sayles. *Spill the Beans and Pass the Peanuts*. Minneapolis: Lerner, 1999.

Jenner, Alice. *The Amazing Legume*. The Saskatchewan Pulse Development Board, Regina, Saskatchewan: Centax Books, 1984.

Karn, Mavis. *Beans, Beans: The Musical Fruit*. St. Louis, MO: MRTC, 1990.

Kerr, W. Park. *Beans*. New York: William Morrow, 1996.

Keys, Margaret and Ancel Keys. *The Benevolent Bean*. Garden City, NY:

Doubleday, 1967.

Leblang, Bonnie Tandy and Joanne Lamb Hayes. *Beans.* New York: Harmony Books, 1994.

Longnecker, Nancy. *Passion for Pulses.* Nedlands: University of Western Australia Press and Tuart House, 1992.

Midgeley, John. *The Goodness of Beans, Peas and Lentils.* New York: Random House, 1992.

Miller, Ashley. *The Bean Harvest Cookbook.* Newtown, CT: Taunton Press, 1998.

Olney, Richard, consultant. *Dried Beans & Grains.* Alexandria, VA: Time Life Books, 1982.

Pitzer, Sara. *Cooking With Dried Beans.* Pownal, VT: Storey Communications, 1982.

Ross, Trish. *Easy Beans.* Vancouver, British Columbia: Big Bean Publishing, 2003.

Saltzman, Joanne. *Romancing the Bean.* Tiburon, CA: H.J. Kramer, 1993.

Stapley, Patricia. *The Little Bean Cookbook.* New York: Crown, 1990.

Stone, Sally and Martin Stone. *The Brilliant Bean.* New York: Bantam, 1988.

Turvey, Valerie. *Bean Feast.* San Francisco, CA: 101 Productions, 1979.

Upson, Norma S. *The Bean Cookbook.* Seattle, WA: Pacific Search Press, 1982.

White, Joyce. *Soul Food.* New York: Harper Collins, 1998.

科学参考著作

Ackroyd, W.R. and Joyce Doughty. *Legumes in Human Nutrition.* Rome: FAO, 1982.

Duke, James A. *Handbook of Legumes of World Economic Importance.* New York: Plenum Press, 1981.

Dupont, Jacquiline and Elizabeth Osman, eds. *Cereals and Legumes in the Food Supply.* Ames, IA: Iowa State University Press, 1987.

Gepts, P. " *Phaseolus vulgaris* " in Sydney Brenner and Jeffrey H. Miller eds *Encyclopedia of Genetics*, pp. 144–145. San Diego, CA: Academic Press, 2001.

Matthews, Ruth H. *Legumes: Chemistry, Technology and Human Nutrition.* New York: Marcel Dekker, 1989.

Salunkhe, D.K. and S.S. Kadam. *Handbook of World Food Legumes.* Boca Raton, FL: CRC Press, 1989.

Smartt, J. *Grain Legumes: Evolution and Genetic Resources.* Cambridge: Cambridge University Press, 1990.

Zohary, Daniel and Maria Hopf. *Domestication of Plants in the Old World.* Oxford: Clarendon Press, 1988.

原始文献

Abel, Mary Hinman. US Department of Agriculture Farmer's Bulletin No. 121. *Beans, Peas and other Legumes as Food.* Washington, DC: Government Printing Office, 1906.

Acosta, José de. *Natural and Moral History of the Indies.* Tr. Frances M. López-Morillas. Durham, NC: Duke University Press, 2002.

Alamanni, Luigi. *La coltivazione.* Milan: Istituto Editoriale Cisalpino-La Goliardica, 1981.

Alcott, William A. *The Young House-Keeper, Or, Thoughts on Food and Cookery.* Boston: George W. Light, 1838.

Alcott, William A. *Vegetable Diet.* New York: Fowlers and Wells, 1853.

Altamiras, Juan. *Nuevo Arte de Cocina.* Barcelona: Juan de Bezàres, 1758.

Anonimo Toscano. *Libro della cocina.* Online at staff-www.uni-marburg.de/~gloning/an-tosc.htm.

Anonimo Veneziano. *Libro di cucina del secolo XIV,* ed. Ludovico Frati. Bologna: Arnaldo Forni, 1986.

Anthimus. *De observatione ciborum,* tr. Mark Grant. Totnes, Devon: Prospect Books, 1996.

Apicius, tr. Christopher Grocock and Sally Grainger. Totnes, Devon: Prospect Books, 2006.

Appert, Nicholas. *The Art of Preserving.* New York: D. Longworth, 1812.

Artusi, Pellegrino. *La scienza in cucina e l'arte di mangier bene.* Facsimile, Florence: Giunti, 1991.

Athenaeus. *The Deipnosophists,* tr. Charles Burton Gulick. New York: G.P. Putnam's Sons, 1927.

Audot, Louis-Ustache. *French Domestic Cookery, Combining economy with Elegance and adapted to the Use of Families of Moderate Fortune.* London: Thomas Boys, 1825.

Battam, Anne. *The Lady's Assistant.* London: R. and J. Dodsley, 1759.

Batuta, Ibn. *The Travels of Ibn Batutah,* ed. Tim Mackintosh-Smith. London: Picador, 2002.

Beans: Grown in Michigan. Lansing, MI: Michigan Bean Commission, *c.* 1965.

Beecher, Catharine E. and Harriet Beecher Stowe. *The American Woman's Home.* New Brunswick, NJ: Rutgers University Press, 2004.

Beeton, Mrs. *Mrs. Beeton's Book of Household Management.* Oxford: Oxford University Press, 2000.

Bell, Helen Peck and Ethel M. Campbell. *The Life Abundant Cook Book.* Denver,

CO: The World Press, 1930.
Benedictus de Nursia. *Opus ad sanitatis conservationem.* Rome: Lignamine, 1475.
Benzi, Ugo and Ludovico Bertaldi. *Regola della sanita et natura dei cibi.* Turin: Heirs of Gio. Domenico Tarino, 1618.
Berkeley Co-op Food Book: Eat Better and Spend Less. Palo Alto, CA: Bull Publishing Co., 1980.
Bockenheim, Jean de. In Bruno Laurioux. *Une Histoire culinare du Moyen Âge.* Paris: Honoré Champion, 2005.
Bonnefons, Nicholas de. *The French Gardener,* tr. John Evelyn. London: SS. For Benjamin Tooke, 1672.
Bosse, Sara and Onoto Watanna. *Chinese-Japanese Cookbook.* Chicago: Rand McNally, 1914.
Bridgman, Edward P. *Early Recollections and Army Expressions.* Typed Manuscript, 1894–5. James B. Pond Papers, Clements Library, University of Michigan.
Brillat-Savarin, Jean-Anthelme. *The Philosopher in the Kitchen,* tr. Anne Drayton. Harmondsworth: Penguin, 1970.
Bruyerin Champier, Jean. *De re cibaria.* Lyon: Sebast. Honoratum, 1560.
Buc'hoz, Pierre-Joseph. *Dictionnaire des plantes alimentaires.* Paris: Samson, 1803.
Calanius, Prosper. *Tracitépour l'entretenement de santé,* tr. Jean Goeurot. Lyon: Jean Temporal, 1533.
Cardano, Girolamo. *Opera omnia.* Lyon: Huguetan et Ravaud, 1663.
Cardenas, Juan de. *Problemas y secretos maravillosos de Las Indias.* Mexico City: Academica Nacional de Medicina, 1980.
Carletti, Francesco. *My Voyage Around the World,* tr. Herbert Weinstock. New York: Pantheon, 1964.
Carqué , Otto. *Natural Foods: The Safe Way to Health.* Los Angeles: Carqué Pure Food Co., 1926.
Carter, Susannah, *The Frugal Colonial Housewife.* Garden City, NY: Dolphin, 1976.
Castelvetro, Giacomo. *The Fruit, Herbs and Vegetables of Italy,* tr. Gillian Riley. London: Viking, 1989.
Cato. *On Farming,* tr. Andrew Dalby. Totnes, Devon: Prospect Books, 1998.
Champlain, Samuel. *Les Voyages de Sieur de Champlain.* See Quinn below.
Child, Lydia Maria. *The American Frugal Housewife.* Mineola, NY: Dover, 1999.
Chiquart's "On Cookery ": A Fifteenth century Savoyard Culinary Treatise, tr. Terence Scully. New York: Peter Lang, 1986.
Chomel, Noel. *Dictionaire oeconomique.* Lyon: Pierre Thenel, 1709.
Clinton, Bill. *My Life.* New York: Knopf, 2005.

Cogan, Thomas. *The Haven of Health*. London: Thomas Orwin, 1589.
Collingwood, Francis. *The Universal Cook*. London: R. Noble, 1792.
Columbus, Christopher. *The Log of Christopher Columbus*. Camden, ME: International Marine Publishing Company, 1987.
Cook, Anne, Mrs. *Professed Cookery*. London: 1760.
The Cook Not Mad. Watertown, NY: Knowlton & Rice, 1830.
Corrado, Vincenzo. *Il cuoco galante*. Naples: Stamperia Raimondiana. Facsimile, Bologna: Arnaldo Forni, 1990.
Corrado, Vincenzo. *Del cibo pittagorico*. Naples: Fratelli Raimondi, 1781. Facsimile, Bologna: Arnaldo Forni, 1991.
Crescenzi, Pietro de'. *Opus ruralium commodorum*. Augsburg: Johann Schüssler, 1471.
Curye on Inglysch: English Culinary Manuscripts of the Fourteenth Century (Including the Forme of Cury), eds Constance B. Heiatt and Sharon Butler. Published for the Early English Text Society. London: Oxford University Press, 1985.
Dallas, E.S. *Kettner's Book of the Table*. Reprint, London: Centaur Press, 1968.
Dawson, Thomas. *The Good Housewife's Jewel*. Introduction by Maggie Black. Lewes, East Sussex: Southover Press, 1996.
De Lune, Pierre. *Le cuisinier*. In *L'art de la cuisine française au XVIIe siècle*. Paris: Payot et Rivages, 1995.
De Serres, Olivier. *Le théâtre d'agriculture et mesnage des champs*. Reprint, Arles: Actes Sud, 2001.
Dodoens, Rembert. *Frumentorum, leguminum, palustrium* ... Antwerp: Plantin, 1566.
Douglas, William. *A Summary ... of British Settlements in North America*. Boston: Rogers and Fowle, 1749.
Dumas, Alexandre. *Grande dictionnaire de cuisine*. Paris: Alphonse Lemerre, 1873.
Durante, Castor. *Il tesoro della sanita*. 3rd ed., Venice: Domenico Imberti, 1643.
Estienne, Charles and Jean Liebault. *Maison Rustique or The Country Farme*, tr. Richard Surflet. London: Arnold Hatfield, 1606.
Evelyn, John. *Acetaria*. Reprint, Tomes, Devon: Prospect Books, 1996. 1st ed. 1699.
Felici, Costanzo. *Scritti naturalistici I. Del'insalata*. Urbino: Quattro Venti, 1986.
Fisher, Mrs. *The Prudent Housewife*. London: T. Sabine, 1750.
Francatelli, Charles Elmé. *A Plain Cookery Book for the Working Classes*. London: Bosworth and Harrison, 1861.
Frazer, Mrs. *The Practice of Cookery*. Dublin: R. Cross, 1791.

Frederick, Mrs. *Hints to Housewives*. London: MacMillan, 1880.

Fuchs, Leonhart. *De historia stirpium commentarii insignes*. Basel, 1542. CD-ROM ed. Karen Reeds. Berkeley: Octavo, 2003.

Galen. *On the Properties of Foodstuffs*, tr. Owen Powell. Cambridge: Cambridge University Press, 2003.

Garlin, Gustave. *La bonne cuisine*. Paris: Garnier Frères, 1898.

Gaudenzio, Francesco. *Il panunto Toscano*. Bologna: Arnaldo Forni, 1990.

Gazius, Antonius. *Corona florida medicinae*. Venice: Ioannes and Gregorius de Gregoriis, 1491.

Gerarde, John. *The Herball or General Historie of Plantes*. London: John Norton, 1597.

Gissing, George. *The Private Papers of Henry Ryecroft* . London: Archibald Constable & Co, 1903.

Glasse, Hannah. *The Art of Cookery*. Bedford, MA: Applewood Books, 1997.

Good Huswifes Handmaide for the Kitchen. Bristol: Stuart Press, 1992.

Gourmet's Book of Food and Drink. New York: Macmillan Co., 1935.

Granado, Diego. *Libro del arte de cocina*. Madrid: Sociedad de Bibliófilos Españoles, 1971. 1st ed. 1599.

Hale, Sarah Josepha. *Early American Cookery*. The Good Housekeeper, 1841. Mineola, NY: Dover, 1996. (Original title *The Good Housekeeper*.)

Hale, Thomas. *A Compleat Body of Husbandry*. London: T. Osborne, 1758–9.

Hammond, Elizabeth. *Modern Domestic Cookery and Useful Receipt Book adapted for Families in the Middling & Genteel Rank of Life*. London: Dean & Munday, 1820.

Harder, Jules Arthur Harder. *Harder's Book of Practical American Cookery*. San Francisco, n.p., 1885.

Hariot, Thomas. *A Brief and True Report of the New Founde Land of Virginia*. London, 1588. Reprint, New York: Dover, 1972.

Harrison, Sarah. *The House-Keeper's Pocket-Book*. London: R. Ware, 1755.

Haskins, C.W. *The Argonauts of California*. New York: Fords, Howard & Hulbert, 1890.

Henderson, William Augustus. *The Housekeeper's Instructor*. London: J. Stratford, 1790.

Hernández, Francisco. *The Mexican Treasury: The Writings of Dr. Francisco Hernández*, ed. Simon Varey. Palo Alto, CA: Stanford University Press, 2000.

Herrera, Gabriel Alonso. *Libro de agricultura*. Valladolid: San Francisco Fernandez de Cordova, 1563.

Hessus, Eobanus. *De tuenda bona valetudine*. Frankfort: Christian Egenolffs, 1571.

Hippocrates, tr. W.H.S. Jones. Cambridge, MA: Harvard University Press, 1967.
Homer. *The Iliad,* tr. Robert Fitzgerald. Garden City, NY: Anchor, 1975.
Homespun, Priscilla. *The Universal Receipt Book.* Philadelphia: Isaac Riley, 1818.
Hughson, D. *The New Family Receipt Book.* London: W. Pritchard, 1817.
Hunter, Alexander. *Culina Famulatrix Medicinae or Receipts in Modern Cookery.* York: Wilson and Son, 1810.
Jefferson, Thomas. *Thomas Jefferson's Garden Book,* ed. Edwin Morris Betts. Chapel Hill, NC: University of North Carolina Press, 2001.
Jones, Evan, ed. *A Food Lover's Companion.* New York: Harper and Row, 1979.
Joubert, Laurent. *Erreurs populaires.* Bordeaux: S. Milanges, 1587.
Kaempfer, Engelbert. *Amoenitatum exoticarum.* Lemgo: Heinrich Wilhelm Meyer, 1712.
Kellogg, Mrs. E.E. *Science in the Kitchen.* Chicago: Modern Medicine Publishing Co., 1893.
Kettilby, Mary. *A Collection of Above Three Hundred Receipts.* London: Printed for Mary Kettilby, 1728.
Kitab Wasf al-At'ima al-Mu'tada (the Book of the Description of Familiar Food), tr. Charles Perry. In *Medieval Arab Cookery.* Totnes, Devon: Prospect Books, 2001.
Kitchen Directory and American Housewife. New York: Mark H. Newman, 1846.
Kitchiner, William. *Apicius Redivivus or the Cook's Oracle.* London: S. Bagster, 1817.
L'Art de la cuisine française au XVIIe siècle. Paris: Payot et Rivages, 1995. (L.S.R., *L'art de bien traiter* 1674, Pierre de Lune, *Le cuisinier* 1656, Audiger, *La maison réglée* 1692).
La Chapelle, Vincent. *The Modern Cook.* London: Thomas Osborne, 1736.
La Varenne, François Pierre. *Le cuisinier François.* Paris: Montalba, 1983.
Lancelot de Casteau. *Overture de cuisine.* Anvers/Bruxelles: De Schutter, 1983.
Lappé, Frances Moore. *Diet for a Small Planet.* Tenth Anniversary ed. New York: Ballantine, 1982.
Lemery, Louis. *A Treatise of All Sorts of Foods.* London: T. Osborne, 1745.
Leslie, Eliza. *Directions for Cookery.* Philadelphia: E.L. Carey, 1840.
Libellus de arte coquinaria, eds Rudolph Grewe and Constance B. Heiatt. Tempe, AZ: Arizona Center for Medieval and Renaissance Studies, 2001.
Liber de coquina. Online at staff -www.uni-marburg.de/~gloning/mul2-lib.htm.
Libre de sent sovi, ed. Rudolph Grewe. Barcelona: Editorial Barcino, 1979.
Liger, Louis. *Le Menage des champs et de la ville.* A. Luxembourg: n.p., 1747.
Livre fort excellent de cuisine. Lyon: Olivier Arnoulet, 1555.

L'Obel, Matthias de. *Icones stirpium seu plantarum exoticarum.* Antwerp: Officina Plantiniana, 1591.

Lobera de Avila, Luis. *El vanquete de nobles cavalleros,* ed. José M. López Piñero. Madrid: Ministerio de Sanidad y Consumo, 1991.

Loesser, Frank. *The Complete Lyrics of Frank Loesser,* ed. Robert Kimball. Westminster, MD: David McKay, 2003.

Lucian, tr. A.M. Harmon. New York: Macmillan, 1913.

Maceras, Domingo Hernàndez de. *Libro del arte de Cozina.* Salamanca: Ediciones Universidad de Salamanca, 1999.

Marin, François. *Les dons de comus.* Paris: Chez la veuve Pissot, 1750.

Markham, Gervase. *A Way to Get Wealth.* London: E.H. for George Sawbridge, 1676.

Martino, Maestro [of Como]. *Libro de arte coquinaria,* eds Luigi Ballerini and Jeremy Parzen. Milan: Guido Tommasi, 2001. Tr. Jeremy Parzen as *The Art of Cooking.* Berkeley, CA: University of California Press, 2005.

Mason, Charlotte, Mrs. *The Lady's Assistant.* London: J. Walter, 1755.

Massialot, François. *Le nouveau cuisinier royal et bourgeois.* Paris: Claude Prudhomme, 1716.

Massonio, Salvatore. *Archidipno overo dell'insalata.* Venice: Marc'antonio Brogiollo, 1627.

Matthioli, M. Pietro. *I discorsi.* Venice: Felice Valgrisio, 1597.

May, Robert. *The Accomplisht Cook.* London: Obadiah Blagrave, 1685. 1st ed. 1660. Reprint: Totnes, Devon: Prospect Books, 2000.

McElfresh, Beth. *Chuckwagon Cookbook.* Denver: Sage Books, 1960.

Ménagier de Paris. The Goodman of Paris, tr. Eileen Power. London: The Folio Society, 1992.

Messisbugo, Christoforo di. *Banchetti.* Ferrara: Giovanni de Buglhat and Antonio Hucher, 1549.

Miller, Philip. *The Gardener's Dictionary.* London: John and James Rivington, 1747.

Milton, John. *The Poetical Works.* New York: Edward Kearney, 1843.

Moffett, Thomas. *Health's Improvement.* London: Thomas Newcomb, 1655.

Montagné, Prosper and Prosper Salles. *Le grand livre de cuisine.* Paris: Flammarion, 1929.

Montiño, Francisco Martínez. *Arte de cocina.* Barcelona: Maria Angela Marti, 1763. Online at http://www.bib.ub.es/grewe/showbook.pl?gw57. 1st ed. 1611.

Moxon, Elizabeth. *English Housewifry.* Leeds: George Copperthwaite, 1758.

Muhammad, Elijah. *How to Eat to Live.* Online at http://www.muhammadspeaks.com/HTETL8-13-1971.html.

Navarrete, Domingo. *The Travels and Controversies of Friar Domingo Navarrete,* ed. J.S. Cummins. Cambridge: The Hakluyt Society, 1962.

Nonnius, Ludovicus. *Diaeteticon.* Antwerp: Petri Belleri, 1645.

Noonan, Bode. *Red Beans and Rice: Recipes for Lesbian Health & Wisdom.* Trumansburg, NY: The Crossing Press, 1986.

Nuñez de Oria, Francisco. *Regimento y aviso de sanidad.* Medina del Campo: Francisco del Canto, 1586. 1st ed. *Vergel de sanidad* 1569.

Parmentier, Antoine August. *Recherches sur les végétaux nourissans.* Paris: Imprimerie Royale, 1781.

Pasquin, Anthony. *Shrove Tuesday, a satiric rhapsody.* London: J. Ridgway, 1791.

Petronio, Alessandro. *De victu romanorum.* Rome: In Aedibus Populi Romani, 1581.

Pisanelli, Baldassare. *Trattato della natura de' cibi et del bere.* Venice: Domenico Imberti, 1611. Facsimile, Bologna: Arnaldo Forni, 1980.

Platina (Bartolomeo Sacchi). *On Right Pleasure and Good Health,* ed. Mary Ella Milham, Tempe, AZ: Medieval and Renaissance Texts and Studies, 1998.

Plato. *Plato's Republic,* tr. G.M.A. Grube. Indianapolis, IN: Hackett, 1974.

Plumptre, Bell. *Domestic Management.* London: B. Crosby, 1810.

Proper Newe Booke of Cokerye, A, ed. Anne Ahmed. Cambridge: Corpus Christi College, 2002.

Proper Newe Booke of Cokerye, A. ed. Jane Hugget. Bristol, Stuart Press, 1995.

Quinn, David B., ed. *New American World: A Documentary History of North America to 1612.* 5 vols. New York: Arno, 1979.

Rabisha, William. *The Whole Body of Cookery Dissected.* Facsimile of 1682 ed. Totnes, Devon: Prospect Books, 2003.

Raffald, Elizabeth. *The Experienced English Housekeeper.* London: A. Millar, 1787.

Romoli, Domenico. *La singolare dottrina.* Venice: Gio. Battista Bonfadino, 1593. 1st ed. 1560.

Rousseau, Jean-Jacques. *Emile,* tr. Allan Bloom. New York: Basic Books, 1979.

Rupert of Nola. *Liber de doctrina per a ben server.* Online at www.cervantesvirtual.com.

Rutter, John. *Modern Eden.* London: J. Cooke, 1767.

Sahagún, Bernardino de. *Historia general de las cosas de Nueva España.* México: Porrúa, 1956.

Sampson, Emma Speed. *Miss Minerva's Cook Book: De Way To A Man's Heart.* Chicago: Reilly & Lee Co., 1931.

Scappi, Bartolomeo. *Opera*. Venice, 1570. Facsimile, Bologna: Arnaldo Forni, 2002.

Sebizius, Melchior. *De alimentorum facultatibus*. Strasbourg: Joannis Philippi Mülbii and Josiae Stedelii, 1650.

The Sensible Cook, tr. Peter Rose. Syracuse, NY: Syracuse University Press, 1989.

Sharpe. M.R.L. *The Golden Rule Cookbook*. Boston: Little Brown, 1919.

Sherson, Erroll. *The Book of Vegetable Cookery*. London & New York: Frederick Warne, 1931.

Shore, W. Teignmouth. *Dinner Building*. London: B.T. Batsford, 1929.

Simmons, Amelia. *American Cookery*. New York: William Beastall, 1822.

Simmons, Amelia. *American Cookery*. Bedford, MA: Applewood Books, 1996. Facsimile of 1796 ed.

Smith, E. *The Compleat Housewife*. London: Studio Editions, 1994. 1st ed. 1758.

Soyer, Alexis. *Soyer's Shilling Cookery for the People*. London: Routledge, 1860.

Soyer, Alexis. *The Pantropheon*. Reprint, London: Paddington Press, 1977.

Spencer, Edward. *Cakes and Ale*. London: Grant Richards, 1897.

Strachey, William. *Historie of Travaile into Virginia Britannia*. See Quinn above.

Thoreau, Henry David. *Walden*. New York: Signet Classic, 1980.

Tractatus de modo preparandi et condiendi omnia cibaria. Online at www.staff.unimarburg.de/~gloning/mull-tra.htm.

Treasured Armenian Recipes. Detroit Women's Chapter of the Armenian General Benevolent Union, 1949.

Trollope, Mrs. *Domestic Manners of the Americans*. London: Whitaker, Treacher & Co., 1832.

Two Fifteenth Century Cookbooks, ed. Thomas Austin. Early English Text Society. Reprint, Rochester, NY: Boydell and Brewer, 2000.

Tyree, Marion Fontaine Cabell. *Housekeeping in Old Virginia*. Richmond: J.W. Randolph & English, 1878.

Venner, Tobias. *Via recta ad vitam longam*. London: Edward Griffen, 1620.

The Viandier of Taillevent, ed. Terence Scully. Ottowa, Canada: University of Ottowa Press, 1988.

Virgil. *The Georgics*, tr. L.P. Wilkinson. Harmondsworth: Penguin, 1982.

Webster, A.L. *The Improved Housewife, or Book of Receipts; With Engravings for Marketing and Carving*. Creative Cookbooks, 2001.

White, John. *Art's Treasury of Rarities*. London: G. Conyers, 169?.

White, Suzanne Caciola. *The Daily Bean*. Washington, DC: Lifeline Press, 2004.

Williams, Lindsay. *Neo Soul*. New York: Avery/Penguin Group, 2006.

Wilson, J.M. *The Rural Encyclopedia*. Edinburgh, 1852.

Worlidge, John. *A Compleat System of Husbandry and Gardening.* London: J. Pickard, 1716.

Wyatt, Sir Thomas. *Collected Poems,* ed. Joost Daalder. London: Oxford University Press, 1975.

二次文献

Achaya, K.T. *A Historical Dictionary of Indian Food.* New Delhi: Oxford University Press, 1998.

Achaya, K.T. *The Story of Our Food.* Hyderguda, India: Universities Press, 2000.

Anderson, E.N. *The Food of China.* New Haven: Yale University Press, 1988.

Andrews, A.C. " The Bean and European Totemism. " *American Anthropologist,* 51 (1949): 274–292.

Arber, Agnes. *Herbals.* Cambridge: Cambridge University Press, 1986.

Belasco, Warren. *Appetite for Change.* New York: Pantheon, 1989.

Benoussan, Maurice. *Les particules alimentaires.* Paris: Maisonneuve & Larose, 2002.

Berzok, Linda Murray. *American Indian Food.* Westport, CT: Greenwood, 2005.

Birri, Flavio and Carla Coco. *Cade a fagiolo.* Venice: Marsilio, 2000.

Branham, R. Bracht. *The Cynics.* Berkeley, CA: University of California Press, 1997.

Brennan, Jennifer. *Curries and Bugles.* London: Penguin, 1992.

Brumbaugh, Robert S. and Jessica Schwartz. " Pythagoras and Beans: A Medical Explanation. " *Classical World,* 73 (7) (1980): 421–422.

Burnett, John. *Plenty and Want: A Social History of Diet in England from 1815 to the Present Day.* London: Scolar Press, 1979.

Carney, Judith. *Black Rice: The African Origin of Rice Cultivation in the Americas.* Cambridge, MA: Harvard University Press, 2001.

Chang, K.C., ed. *Food in Chinese Culture.* New Haven: Yale University Press, 1977.

Coe, Sophie D. *America's First Cuisines.* Austin, TX: University of Texas Press, 1994.

Colbert, David, ed. *Eyewitness to America.* Westminster, MD: Vintage Books, 1998.

Conlin, Joseph R. *Bacon, Beans, and Galantines.* Reno, NV: University of Nevada Press, 1986.

Dalby, Andrew. *Food in the Ancient World From A–Z.* London: Routledge, 2003.

Darby, William J., Paul Ghalioungui and Louis Grivetti. *Food: The Gift of Osiris.*

London: Academic Press, 1977.

Dary, David. *Oregon Trail.* New York: Knopf, 2004.

Eco, Umberto. " Best Invention; How the Bean Saved Civilization. " *New York Times,* p. 136. April 18, 1999.

Enneking, D. " A bibliographic database for the genus *Lathyrus.* " Cooperative Research Centre for Legumes in Mediterranean Agriculture Occasional publication No. 18: 1998.

Fery, F.L. " New opportunities in *Vigna.* " In J. Janick and A. Whipkey eds *Trends in New Crops and Uses.* Alexandria, VA: ASHS Press, 2002.

Flandrin, Jean-Louis and Massimo Montanari, eds. *Food: A Culinary History.* New York: Columbia University Press, 1999.

Foster, Nelson and Linda S. Cordell, eds. *Chilies to Chocolate.* Tucson, AZ: The University of Arizona Press, 1996.

Garnsey, Peter. *Cities, Peasants and Food in Classical Antiquity.* Cambridge: Cambridge University Press, 1998.

Garnsey, Peter. *Food and Society in Classical Antiquity.* Cambridge: Cambridge University Press, 1999.

Gitlitz, David M. and Linda Kay Davidson. *A Drizzle of Honey.* New York: St. Martins Press, 1999.

Gouste, Jérôme. *Le haricot.* Aries: Actes Sud, 1998.

Gunderson, Mary. *The Food Journal of Lewis and Clark.* Yankton, SD: History Cooks, 2002.

Harris, Marvin. *Cannibals and Kings.* New York: Vintage Books, 1978.

Heiser, Charles B. *Seed to Civilization.* Cambridge, MA: Harvard University Press, 1990.

Helstosky, Carol. *Garlic and Oil.* Oxford: Berg, 2004.

Kelly, Ian. *Cooking for Kings: The Life of Antonin Carême.* New York: Walker, 2004.

Krokar, James P. "European Explorer's Images of North American Cultivation." The Newberry Library, 1990. Online at www.newberry.org.

Lev-Yadun, Simcha, Avi Gopher and Shahal Abbo. " The Cradle of Agriculture. " *Science,* June 2, 2000, pp. 1,602–1,603.

Levenstein, Harvey. *Paradox of Plenty.* Berkeley, CA: University of California Press, 2003a.

Levenstein, Harvey. *Revolution at the Table.* Berkeley, CA: University of California Press, 2003b.

Levine, David. *At the Dawn of Modernity: Biology, Culture and Material Life in Europe After the Year 1000.* Berkeley, CA: University of California Press, 2001.

MacDonald, Janet. *Feeding Nelson's Navy.* London: Chatham, 2004.
McWilliams, James E. *A Revolution in Eating.* New York: Columbia University Press, 2005.
Magnavita, Carlos, Stephanie Kahlberger and Barbara Eichhorn. " The Rise of Organisational Complexity in Mid-first Millennium BC Chad Basin. " *Antiquity, 78* (301) (September 2004).
Maynard, W. Barksdale. *Walden Pond: A History.* Oxford: Oxford University Press, 2004.
Montanari, Massimo. *Alimentazione e cultura nel Medioevo.* Rome: Laterza, 1992.
Montanari, Massimo. *The Culture of Food.* Oxford: Blackwell, 1994.
Nabham, Gary Paul. *Gathering the Desert.* Tucson, AZ: University of Arizona Press, 1985.
Obeysekere, Gannath. *Imagining Karma.* Berkeley, CA: University of California Press, 2002.
Oddy, Derek J. *From Plain Fare to Fusion Food: British Diet from the 1890s to the 1990s.* Woodbridge, Suffolk: Boydell Press, 2003.
Pérez-Maillaína, Pablo E. *Spain's Men of the Sea.* Baltimore: Johns Hopkins University Press, 1998.
Pillsbury, Richard. *No Foreign Food.* Boulder, CO: Westview Press, 1998.
Popenoe, Hugh, *et al. Lost Crops of the Incas.* Washington, DC: National Academy Press, 1989. Online at www.nap.edu.
Proceedings of the Symposium on " Origins of Agriculture and domestication of Crop Plants in the Near East " ICARDA, 1977. Online at www.ipgri.cgiar.org.
Richards, John F. *Unending Frontier: An Environmental History of the Early Modern World.* Berkeley, CA: University of California Press, 2003.
Rotzetter, Anton. " Mysticism and Literal Observance of the Gospel in Francis Assisi. " In Christian Duquoc and Casiano Floristan (eds) *Francis of Assisi Today.* New York: Seabury Press, 1981.
Salt, Henry Stephens. *Life of Henry David Thoreau.* London: W. Scott, Ltd., 1896.
Scarborough, John. " Beans, Pythagoras, Taboos, and Ancient Dietetics. " *Classical World, 75* (6) (1982): 355–358.
Shurdeff , William and Akiko Aoyagi. " History of Soybeans and Soyfoods: 1100 B.C. to the 1980s. " Unpublished manuscript. Online at www.thesoydailyclub.com.
Sudhalter, Richard M. *Stardust Melody: The Life and Music of Hoagy Carmichael.* Oxford: Oxford University Press, 2003.
Tate, M.E. " Vetches: Feed or Food? " *Chemistry in Australia, 63* (1996): 549–550.

Thompson, Paul B. and Thomas C. Hilde, eds. *The Agrarian Roots of Pragmatism.* Nashville, TN: Vanderbilt University Press, 2000.

United States Department of Agriculture, Economic Research Service. *Dry Beans.* Online at www.ers.usda.gov/Briefing/DryBeans/

" U.S. Capitol Bean Soup " at www.soupsong.com/rsenate.html.

Witt, Doris. *Black Hunger: Soul Food and America.* Minneapolis, MS: University of Minnesota Press, 2004.

Wright, Clifford. *A Mediterranean Feast.* New York: William Morrow, 1999.

本书中出现的主要豆类名称

（汉、英、拉对照）

中文	英文	拉丁学名
柏油豆	Arabian scurfpea	*Bituminaria bituminosa*
北美肥皂荚	Kentucky coffee tree	*Gymnocladus dioicus*
扁豆	hyacinth bean/bonavist	*Lablab purpureus*
兵豆	lentil	*Vicia lens*
菜豆	kidney bean	*Phaseolus vulgaris*
蚕豆	fava bean/broad bean	*Vicia faba*
赤豆	adzuki bean	*Vigna angularis*
赤小豆	rice bean	*Vigna umbellata*
大豆	soy	*Glycine max*
大叶球花豆	African locust tree	*Parkia leiophylla*
地果豇豆	bambara groundnut/jugo bean	*Vigna subterranea*
豆薯	yam bean	*Pachyrhizus erosus*
毒扁豆	Calabar bean	*Physostigma venenosum*
非洲山药豆	African yam bean	*Sphenostylis stenocarpa*
瓜亚莫恰尔豆	guayamochil	*Pithecelobium dulce*
荷包豆	scarlet runner	*Phaseolus coccineus*
胡卢巴	fenugreek	*Trigonella foenum-graecum*
花生	peanut	*Arachis hypogaea*
季科豆	Djenko bean	*Pithecolebium lobatum*
尖叶菜豆	tepary bean	*Phaseolus acutifolius*
豇豆（黑眼豆）	cowpea/black-eyed pea	*Vigna unguiculata*
救荒野豌豆	tare	*Vicia sativa*
巨榼藤	sea bean/Mackey bean/nicker bean	*Entada gigas*
黧豆	velvet bean	*Mucuna*

栗檀	Polynesian chestnut	*Inocarpus fagifer*
绿豆	mung bean	*Vigna radiata*
棉豆	lima bean	*Phaseolus lunatus*
木豆	pigeon pea	*Cajanus cajan*
柔毛牧豆树	screwbean mesquite	*Prosopis pubescens*
食用补骨脂	prairie turnip	*Psoralea esculenta*
食用刺桐	coral bean/basul	*Erythrina edulis*
丝绒牧豆树	velvet mesquite	*Prosopis velutina*
四棱豆	winged bean	*Psophocarpus tetragonolobus*
酸豆	tamarind	*Tamarindus indica*
铁皮豆	year bean	*Phaseolus coccineus* subsp. *polyanthus*
豌豆	pea	*Pisum sativum*
乌头叶豇豆	moth bean	*Vigna aconitifolia*
西黄芪	tragacanth	*Astracantha gummifera*
腺牧豆树	honey mesquite	*Prosopis glandulosa*
香豌豆	sweet pea	*Lathyrus odoratus*
洋甘草	licorice	*Glycyrrhiza glabra*
野豇豆	zombi pea	*Vigna vexillata*
银合欢	lead tree	*Leucaena leucocephala*
印加豆	ice cream bean	*Inga edulis*
鹰嘴豆	chickpea/garbanzo bean	*Cicer arietinum*
硬皮豆	Madras gram	*Macrotyloma uniflorum*
长角豆	carob/St. John’s bread	*Ceratonia siliqua*
爪哇球花豆	sataw	*Parkia javanica*
直生刀豆	jack bean	*Canavalia ensiformis*